Paradoxe Ergebnisse von Mehrheitsentscheidungen

Wolfgang Gerß

Paradoxe Ergebnisse von Mehrheitsentscheidungen

Ein aktueller Disput aus der Gründerzeit der modernen aufgeklärten Demokratie

Bibliografische Information der Deutschen Nationalbibliothek
Die Deutsche Nationalbibliothek verzeichnet diese Publikation
in der Deutschen Nationalbibliografie; detaillierte bibliografische
Daten sind im Internet über http://dnb.d-nb.de abrufbar.

Umschlagabbildung:
„Ständehaus" in Düsseldorf (Parlamentsgebäude des Provinziallandtags der preußischen Rheinlande). Foto: Jutta Gerß

ISBN 978-3-631-66682-1 (Print)
E-ISBN 978-3-653-06156-7 (E-Book)
DOI 10.3726/978-3-653-06156-7

© Peter Lang GmbH
Internationaler Verlag der Wissenschaften
Frankfurt am Main 2016
Alle Rechte vorbehalten.
PL Academic Research ist ein Imprint der Peter Lang GmbH.

Peter Lang – Frankfurt am Main · Bern · Bruxelles · New York ·
Oxford · Warszawa · Wien

Das Werk einschließlich aller seiner Teile ist urheberrechtlich geschützt. Jede Verwertung außerhalb der engen Grenzen des Urheberrechtsgesetzes ist ohne Zustimmung des Verlages unzulässig und strafbar. Das gilt insbesondere für Vervielfältigungen, Übersetzungen, Mikroverfilmungen und die Einspeicherung und Verarbeitung in elektronischen Systemen.

Diese Publikation wurde begutachtet.

www.peterlang.com

Inhaltsverzeichnis

Vorwort und Einleitung 7

Eine Fabel von Äsop als Auftakt 13

Einführende Historik 17

Alltägliches Beispiel aus dem wirklichen Familienleben 23

Fiktives realistisches Beispiel aus der Kommunalpolitik 29

Exkurs zu Mängeln des Planungsrechts 35

Paradoxon von Condorcet 41

Disput der Erstautoren 57

Variabilität des wissenschaftlichen Interesses am Thema 61

Pluralität und Majorität 65

Mathematische Formulierung des Phänomens 69

Wahrscheinlichkeit paradoxer Entscheidungen 79

Darstellung nach algebraischer Verkürzung 95

Exemplarische Hinweise zur mathematischen Herleitung 105

Elementare geometrische Veranschaulichung 113

Resümierender Ausblick 121

Mathematische Symbole 125

Literaturverzeichnis 129

Vorwort und Einleitung

In einem freiheitlichen Rechtsstaat soll die Beschlussfassung der politischen Gremien sowohl demokratisch als auch rational bzw. vernünftig sein. Die Entscheidungen sind demokratisch, wenn sie von einer Mehrheit gleichberechtigter Bürger getragen werden, und vernünftig, wenn sie zielgerichtet und effizient sind. Dabei ist die angestrebte Kombination von Demokratie und Vernunft keineswegs selbstverständlich. Zu den Anforderungen an „gute" politische Entscheidungen gehört auch, dass sie rechtzeitig getroffen werden. Die meisten Entscheidungen können auch nicht dadurch umgangen werden, dass man abwartet, bis sie sich „durch Liegenlassen" von selbst erledigt haben. Damit scheiden endlose Palaver in den Entscheidungsgremien bis zur aus Einsicht oder Ermüdung resultierenden Einstimmigkeit der Abstimmungen aus. Vielmehr muss zu irgendeinem Zeitpunkt die Debatte abgebrochen und die Entscheidung durch Kampfabstimmung – mit Stimmenmehrheit bei Gegenstimmen und Enthaltungen – getroffen werden. Solche Mehrheitsentscheidungen können in bestimmten – wenn auch in der Regel seltenen – Fällen auch „paradox", das heißt unsinnig, in sich widersprüchlich oder unrealisierbar sein. Das Titelbild zeigt das Düsseldorfer ‚Ständehaus' – nach der Gründung des Landes Nordrhein-Westfalen erster Sitz des Landtags – als Beispiel eines historischen Ortes sozialer Entscheidungen auf staatlicher regionaler (preußische Rheinprovinz) Verwaltungsebene (Foto: Jutta Gerß).

Im Anschluss an diese Einleitung wird eine Abschrift des Titelblattes der im Jahr 1785 gedruckten erstmaligen umfassenden und detaillierten Beschreibung des Phänomens paradoxer Abstimmungsergebnisse von Marquis de Condorcet wiedergegeben. Das Original dieser historischen Beschreibung ist nach Sprache und Inhalt in großen Teilen kaum verständlich oder offensichtlich mangelhaft. In den folgenden Kapiteln wird das Phänomen aus heutiger Sicht in einfachen praktischen Beispielen skizziert und aus aktuellem Kenntnisstand unter angestrebter weitest möglicher Angleichung an das Original mit Vermeidung von dessen Weitschweifigkeit komprimiert dargestellt. Die Darstellung beschränkt sich in Worten und Formeln auf die wichtigsten Entscheidungsmodelle, soll für diese aber zur praktischen

Anwendung vollständig sein. Dies gilt insbesondere für die mathematische Modellierung der Entstehungsbedingungen des Paradoxons und die wahrscheinlichkeitstheoretische Bewertung seiner Relevanz. Zur besseren Praktikabilität wird die zum Teil sehr komplizierte mathematische Darstellung durch einfach handhabbare numerische Formeln ergänzt und durch graphische Hilfsmittel veranschaulicht. Zur Begründung der für die Praxis verkürzten Formeln werden Hinweise gegeben.

Paradoxe Mehrheitsbeschlüsse habe ich vor allem durch meine langjährige Mitgliedschaft in kommunalpolitischen Gremien mehrfach aktiv miterlebt. In kommunalen Vertretungskörperschaften wirkt sich die individuelle Meinungsvielfalt noch stärker als in staatlichen Parlamenten im Abstimmungsverhalten der einzelnen Mitglieder aus. Besonders in den Räten kleinerer Gemeinden spielt die persönliche Bekanntschaft der gewählten Mitglieder eine größere, ihre Fraktionszugehörigkeit dagegen eine kleinere Rolle als in den Landtagen und im Bundestag. Überraschende Mehrheitsbeschlüsse aufgrund wechselnder Mehrheiten kommen daher in den Gemeinderäten besonders häufig vor. Paradoxe Beschlüsse können zwar unter demokratischen Bedingungen nicht vollständig vermieden werden, ihre Schädlichkeit ist aber erträglich, wenn sie nur als sehr seltene Ereignisse auftreten. Die Konstellationen ihres Auftretens können mathematisch formuliert werden. Ein Abstimmungsverfahren ist umso robuster gegen paradoxe Entscheidungen und damit umso „besser", je geringer die Wahrscheinlichkeit ist, dass ein solches Paradoxon vorkommen kann. Die Wahrscheinlichkeit ist hier als klassische A-priori-Wahrscheinlichkeit zu verstehen. Sie ergibt sich als Quotient aus der Anzahl aller ein bestimmtes paradoxes Ergebnis begünstigender Ereignisse und aller überhaupt möglichen Ereignisse. Diese Wahrscheinlichkeit ist somit ein Maß für die Rationalität und damit Qualität des demokratischen Abstimmungsverfahrens.

Die Untersuchung der paradoxen Mehrheitsbeschlüsse politischer Gremien mit mathematischen Methoden war in meiner aktiven Zeit als Hochschullehrer ein zwar nur von einer Minderheit von Studierenden wahrgenommenes soziologisches Thema; die Teilnehmer waren aber besonders interessiert und meistens auch besonders qualifiziert. Außer in den Hochschulseminaren am Institut für Soziologie der Gerhard-Mercator- Universität Duisburg und am Sozialwissenschaftlichen Institut der Heinrich-Heine-Universität Düsseldorf habe ich von den Diskussionen mit meiner Frau Jutta Gerß und meinem

Sohn Dr. Joachim Gerß profitiert, um Lücken in der Argumentation und sonstige Mängel der Darstellung aufzudecken. Beiden danke ich für ihre Hilfe.

Heiligenhaus, im Spätsommer 2015   Prof. Dr. Wolfgang Gerß

ESSAI
SUR L'APPLICATION
DE L'ANALYSE
À LA
PROBABILITÉ
DES DÉCISIONS
Rendues à la pluralité des voix.

Par M. LE MARQUIS DE CONDORCET, Secrétaire perpétuel de l Académie des *Sciences, de l'Académie Françoise, de l'Institut de Bologne, des Académies de Pétersbourg, de Turin, de Philadelphie et de Padoue.*

Quod si deficiant vires audacia certe
Laus erit, in magnis & voluisse sat est.

A PARIS,
DE L'IMPRIMERIE ROYALE.
M. DCC LXXXV.

Eine Fabel von Äsop als Auftakt

In das sechste vorchristliche Jahrhundert wird der Ursprung einer bis zur Spätantike auf über dreihundert Fabeln angewachsenen Literatursammlung gelegt, in der als Held und Erzähler ein historisch nicht identifizierbarer Sklave mit dem Namen Äsop auftritt („Äsopische Fabeln"). In einer dieser Fabeln, die sehr berühmt geworden ist, wird unter dem Titel „Der Müller, sein Sohn und ihr Esel" berichtet, wie diese drei Akteure auf dem Weg zu einem anderen Ort von verschiedenen anderen Wanderern angesprochen werden und deren Ratschläge und Ermahnungen befolgen. Diese Fabel liegt mit der Überschrift „Der Waldbruder mit dem Esel" in der poetischen gereimten Fassung der aus dem 16. Jahrhundert stammenden Nachdichtung des Nürnberger Dichters Hans Sachs („Schuhmacher und Meistersinger") vor („Der Neue Äsop – eine klassische Fabelsammlung von Lessing, Gellert, Pfeffel und Anderen", dritte Auflage, Verlag der Gebrüder Gerstmann, Berlin 1878, S. 28–33; Auszug):

> Vor Jahren wohnt' in einem Wald
> Ein Waldbruder von Jahren alt,
> Der sich der Wurzeln nähren thät,
> Derselb ein jungen Sohne hett
> In dem Alter von zwanzig Jahrn,
> Der war einfältig, unerfahrn.
> :
> :
> Legt an den Vater große Bitt',
> Der es doch lang zuwider rieth.
> Zuletzt er überredet ward
> Und macht sich mit ihm auf die Fahrt
> Und führen ihren Esel mit
> Ledig, keiner darauf ritt.
>
> Im Walde bekam ihn'n ein Kriegsmann.
> Der sprach: „Wie laßt ihr ledig gan
> Den faulen Esel hie allein,
> Ihr dünkt mich fast nicht witzig sein,
> Daß euer keiner auf ihm reit'."

⋮

Der Sohn sprach: „Laß mich darauf reiten."
Das g'schah', da kam zu ihn'n von weiten
Ein altes Weib neben die Aecker,
Die sprach: „Seht zu dem Jungen Lecker,
Der reit' und der alt' schwache Mann
Muß hintennach zu Füßen gan."

⋮

Der Jung bald von dem Esel saß
Und saß der Alt' bald auf für ihn,
Reit' also Fuß für Fuß dahin.
Indem begegnet ihn'n ein Bauer
Der red't sie an mit Worten sauer:
„Seht an den alten groben Lappen,
Läßt den Jungen im Koth her sappen,
Dem nöther wär' zu reiten, denn ihm".

⋮

Der Sohn sprach: „Vater laß mich nun
Aufsitzen, daß wir reiten Beed',
Schau, ob die Welt dazu auch red'."

Aufsaß er und ritten dahin,
Dann kam ein Bettelmann zu ihn'n.
Thät an einer Wegscheid auf sie harren
Und Sprach: „Seht an die großen Narren,
Woll'n den Esel gar erdrücken."

⋮

Der Sohn sprach: „Laßt uns Beid' absitzen
So wollen wir den Esel tragen:
Was nur die Welt dazu will sagen."
Absaßen sie den Esel trugen
Und mit ihm übers Feld hin zugen,
Daß von ihn'n Beiden rann der Schweiß;
Ein Edelmann kam zu der Reis',
Thät sie all' Beid' mit Worten strafen:
„Wann her, wann her, ihr Schlauraffen,
Daß ihr das Hinter kehrt herfür."

Der Inhalt der Fabel sei mit eigenen Worten in nüchterner Alltagssprache wie folgt wiedergegeben:

Als Vater und Sohn neben dem Esel zu Fuß gehen, wird dem Vater und dem Sohn Dummheit und dem Esel Faulheit vorgeworfen. Der Sohn reitet daraufhin auf dem Esel, was zu der Forderung führt, den alten schwachen Mann nicht laufen zu lassen. Dann reitet der Vater auf dem Esel und wird dafür beschimpft, dass er den Jungen durch den Kot hinterher laufen lässt. Als darauf Vater und Sohn gemeinsam auf dem Esel reiten, wird ihnen vorgeworfen, den Esel zu erdrücken. Schließlich tragen beide den Esel, wofür dieser wieder wegen seiner Faulheit getadelt wird.

Damit kann der Prozess von Forderungen und Reaktionen darauf unendlich weiter gehen; das heißt, dass dieser Prozess „zyklisch" ist. Solche Zyklen sind ein klassisches Problem der Aufeinanderfolge von Mehrheitsbeschlüssen in parlamentarischen und sonstigen Entscheidungsgremien.

Einführende Historik

Die Theorie der sozialen Entscheidungen befasst sich unter anderem mit der Konstruktion sozialwissenschaftlicher mathematischer Modelle. Entscheidungstheoretische Modelle sollen allgemein aufzeigen, wie Handlungsabläufe zu einem optimalen Ergebnis gesteuert werden können. Soziale Entscheidungen sind von mehreren Akteuren gemeinsam zu treffen. Insbesondere geht es dabei um die Beschlussfassung in politischen Gremien. Politische Entscheidungen sollen sowohl demokratisch – das heißt von einer Mehrheit getragen – als auch rational bzw. vernünftig sein. Der Begriff der Vernunft umfasst hier Anforderungen zu Logik, Eindeutigkeit und Effizienz. Die mathematische Theorie der sozialen Entscheidungen zeigt, dass die angestrebte Kombination von Demokratie und Vernunft keineswegs selbstverständlich ist. Eine soziale Entscheidung wurde dann als optimal definiert, wenn sie zum „größtmöglichen Glück für die größtmögliche Anzahl von Menschen" führt (Bentham 1789 und 1791, Übersetzung). Abgesehen davon, dass die beiden Zielgrößen „Glück" und „Anzahl" sich nicht decken müssen und die Optimierungsaufgabe somit nicht eindeutig lösbar ist, setzt die Erreichbarkeit der Ziele auf demokratischem Weg ideale Eigenschaften der Akteure voraus. In der idealen Demokratie sind alle Akteure gleich gut informiert und entscheiden rational nach ihrem wirklichen – nicht durch Medien manipulierten – eigenen Willen. Als gewählte Abgeordnete sind sie – wie in Artikel 38 des Grundgesetzes festgesetzt – Vertreter des ganzen Volkes, nur ihrem Gewissen unterworfen und an Aufträge und Weisungen nicht gebunden. Sie sind nicht Interessenvertreter einer bestimmten Gruppe, sondern gebrauchen ihre Macht gemeinnützig. Offensichtlich entspricht die Realität nicht dem Idealbild der Demokratie. Vollständig rationale optimale Entscheidungen sind demnach von realen Parlamenten nur im Grenzfall zu erwarten. Überraschende Entscheidungen können außer durch die Unvollkommenheit der Akteure aber auch durch das Abstimmungsverfahren zustande kommen. Demokratische Entscheidungen können einstimmig sein, sind aber in der Regel Mehrheitsentscheidungen. Diese Abhandlung soll zeigen, dass die Anwendung des Mehrheitsprinzips durchaus nicht problemlos ist. Die Erkenntnis, dass die auf dem Mehrheitsprinzip beruhenden

Beschlüsse demokratischer Gremien nicht mit den Anforderungen an rationale soziale Entscheidungen übereinstimmen müssen, dass also Demokratie und Vernunft nichts miteinander zu tun haben, ist nicht als Argument gegen die Demokratie geeignet. Demokratie wird nicht zu dem Zweck praktiziert, in den sozialen Entscheidungen die Einhaltung bestimmter objektiver Regeln der Vernunft wirksam werden zu lassen. Vielmehr sollen die subjektiven Willensbekundungen aller Mitglieder der Gesellschaft gleichberechtigt zum Ausdruck kommen. „In einem freien Staat soll jeder Mensch, dem man eine freie Seele zugesteht, durch sich selbst regiert werden" (Montesquieu 1748, Übersetzung). Die Gesellschaft erhält, was sie will, nicht was am klügsten wäre.

Die Begriffe Demokratie und Mehrheitsentscheidung sind untrennbar miteinander verbunden. Die Mehrheitsentscheidungen werden dabei nach einem in der Verfassung festgelegten unantastbaren Regelwerk getroffen. „Die liberale Demokratie ist die Regimeform, bei der die Ergebnisse der Herrschaftsausübung ungewiss sind, die Prozeduren dagegen feststehen. Faire Wahlen erlauben zwar eventuell demoskopische Voraussagen, aber keine [Vorab-] Entscheidungen darüber, wer siegt; das Ergebnis kommt aufgrund von Regeln zustande. Dagegen ist für autoritäre, staatssozialistische und totalitäre Regimes das umgekehrte Verhältnis von Regel und Entscheidung charakteristisch. Wer gewinnt, steht immer schon fest, nur müssen Wahlen, um zu diesem vorab feststehenden Ergebnis zu führen, notfalls gefälscht werden" (Offe 2001 S. 435).

Dabei besteht die Gefahr, dass die das Primat des Regelwerks gegenüber den Ergebnissen der Abstimmungen garantierenden „Institutionen und Prozeduren, durch die in liberalen Demokratien der Volkswille aus den vielen Individualwillen aggregiert wird, keineswegs neutral sind, sondern ihrerseits das Resultat in bestimmter Weise vorherbestimmen" (Offe 2001 S. 436). Die positive Wirkung der für die Demokratie typischen Bindung des Beschlussorgans an das Regelwerk zeigt sich – gelegentlich mehr als in den direkt gefassten Beschlüssen – auch in den Ergebnissen „zweiter Ordnung". Diese sekundären Ergebnisse können nicht wie die primären durch Zählung der für sie abgegebenen Stimmen bewertet werden, sondern sind die sozialen Folgen des Abstimmungsprozesses. So schreibt man der Demokratie zu, dass sie nicht gegen andere Demokratien Angriffskriege führt (pazifistische Hypothese), dass sie die bürgerlichen

Freiheitsrechte als unantastbar behandelt (liberale Hypothese), dass sie den sozialen Ausgleich schafft (soziale Hypothese) und dass sie die Bürger zu gemeinwohlorientiertem Verhalten animiert (republikanische Hypothese). „Diesen Ergebnissen zweiter Ordnung verdankt die liberales Demokratie ... ihre herausragende Vorzugswürdigkeit gegenüber allen anderen Regimeformen" (Offe 2001 S. 436).

Die Einführung der liberalen Demokratie setzt voraus, dass ein bestimmtes Mindestniveau der Sozialstruktur erreicht worden ist. Die ökonomische Modernisierung muss verhältnismäßig weit fortgeschritten sein. Dazu gehören der hohe Grad der Industrialisierung und der Urbanisierung. Die Alphabetisierung sollte nahezu die gesamte Bevölkerung erfassen. Die Gesellschaft sollte durch eine starke Mittelschicht geprägt sein, die vom städtischen Bürgertum dominiert wird und stark am nationalstaatlichen Zusammenhalt und an der liberalen Wirtschaftsordnung interessiert ist. Diesem Interesse entsprechend sollte das gesamte Staatsgebiet einer einheitlichen Gesetzgebung (insbesondere zu Steuern und Zöllen) unterliegen. Eine weitere Voraussetzung für die Entstehung einer Demokratie besteht darin, dass es in dem Staatsgebiet einen nicht-demokratischen Vorgängerstaat gab, dessen bürokratische und ökonomische Infrastruktur von der jungen Demokratie übernommen und genutzt werden kann und von dem sich die Demokratie im Bewusstsein der Bevölkerung im positiven Sinn abhebt. Der erfolgreiche Prozess der Demokratisierung erfordert den Zusammenbruch des Vorgängerregimes und wird umso gründlicher erreicht, je autoritärer das alte Regime war. Die sozialwissenschaftliche Literatur zur Erforschung der Bedingungen für die Entstehung eines demokratischen Staates ist sehr umfangreich (Beispiele sind Lipset 1959, O'Donnell und Schmittler 1986, Przeworski 1991, Karl und Schmittler 1991, Linz und Stepan 1996).

Im vorrevolutionären Frankreich des 18.Jahrhunderts waren die Bedingungen zum Übergang zu einem demokratischen Staatssystem in nahezu idealer Weise gegeben. Die Staatsform der Demokratie konnte sich zu ihrem Vorteil im starken Kontrast zum despotischen Absolutismus, zu dem sich die Monarchie entwickelt hatte, präsentieren. Die Wirtschafts- und Sozialstruktur war weiter entwickelt als in fast jedem anderen Land. Der Bildungsgrad der Bevölkerung war hoch genug, dass eine weite Verbreitung neuer wissenschaftlicher Erkenntnisse oder politischer Forderungen gesichert war. Es gab eine Schicht von Intellektuellen, die zum Verständnis, zur praktischen Umsetzung und zur wissenschaftlichen Diskussion philosophisch/soziologisch/ökonomischer Erkenntnisse fähig war und sich diese viel Zeit beanspruchende geistige Beschäftigung nach ihren Einkommensverhältnissen leisten konnte. Eine auffallende überdurchschnittliche Rolle spielte in dieser Bevölkerungsschicht der fortschrittliche Teil des Adels. Das weit verbreitete Interesse an Wissenschaften führte dazu, dass sogar über die Mathematik, die sonst eher im isolierten Studierzimmer betrieben wurde, in der akademischen Öffentlichkeit heftig diskutiert wurde. Charakteristisch für das 18. Jahrhundert als Zeitalter der Aufklärung besonders in Frankreich („siècle des lumières") war als Grundgedanke das unerschütterliche Vertrauen auf die Kraft und den Sieg der menschlichen Vernunft (Ratio). Im Rechts- und Staatsleben wurde ein „natürliches Recht" angestrebt, das den einzelnen Menschen die Rechtfertigung gab, den Staat als Vereinbarung zwischen gleichberechtigten Vertragspartnern zum individuellen und kollektiven Nutzen aufzufassen. Aus dieser Staatsdefinition ergaben sich die Forderungen nach dem Schutz der individuellen Menschenrechte und nach der Begrenzung der Staatsgewalt. Diese Begrenzung sollte besonders durch die Gewaltenteilung (Legislative, Exekutive, Judikative) erreicht werden. Damit waren die wesentlichen Elemente der neu einzurichtenden Demokratie und Argumente gegen die herkömmliche Monarchie im 18. Jahrhundert geklärt.

Früheste Formen der Demokratie traten in antiken Staaten – insbesondere in griechischen Stadtstaaten – auf, sind aber auch aus der germanischen Tradition überliefert. Die erste neuzeitliche demokratische Institution entstand in England mit der Gründung des Unterhauses im 13. Jahrhundert. Die erste schriftlich fixierte moderne demokratische Verfassung wurde aber erst im 18. Jahrhundert entworfen. Die Demokratisierung war in Frankreich mit so heftigen, abrupten und Widerstand provozierenden Änderungen der Machtverhältnisse verbunden, dass sie eine gewaltsame Revolution auslöste. Als Formen der Demokratie werden die Mehrheitsdemokratie (Bildung der Regierung entsprechend der Mehrheit im Parlament wie in den USA), die Konkordanzdemokratie (Bildung der Regierung nach den Anteilen sämtlicher Parteien und wichtigen Interessengruppen wie in der Schweiz) und die Konsensdemokratie (Kombination aus Verhältniswahlrecht, nur mit Zweidrittelmehrheit zu ändernder Verfassung und Zwei-Kammer-System wie in Deutschland) unterschieden. Diese Abhandlung beschränkt sich auf die hier definierte „Mehrheitsdemokratie", da sich die für dieses Thema relevante

Literatur nahezu ausschließlich auf US-amerikanische Daten und damit auf Verhältnisse bezieht, wie sie in den USA üblich sind. Dagegen arbeiten alle drei Demokratieformen mit (eventuell jeweils verschieden definierten) „Mehrheitsentscheidungen". Die Effizienz demokratischer Mehrheitsentscheidungen ist begrenzt durch die mögliche Irrationalität und Ignoranz der Wähler; sie kann auch erheblich beeinträchtigt werden, wenn die gewählten Kandidaten sich statt nach der Gemeinnützigkeit nach ihren Lobby-Interessen richten. Empirische Untersuchungen lassen vermuten, dass selbst Wähler, die in ihrem täglichen Leben rational orientiert sind, häufig irrational handeln und damit auf eine tiefere Stufe des Verstands fallen, wenn sie sich mit Politik befassen. Schumpeter (1947, S. 262) konstatiert zu diesem demokratieschädlichen Fehlverhalten:

„Thus the typical citizen drops down to a lower level of mental performance as soon as he enters the political field. He argues and analyzes in a way which he would readily recognize as infantile within the sphere of his real interests." Bereits Marquis de Condorcet, der engagierteste Verfechter des demokratischen Mehrheitsprinzips unter den Intellektuellen des Zeitalters der Aufklärung in Frankreich, musste eingestehen, dass vernünftige Mehrheitsentscheidungen eigentlich nur zu erwarten sind, wenn Wähler und gewählte Kandidaten genügend aufgeklärt sind (Condorcet 1785, S. LXVI und LXIX: „Il faut de plusque les Votans soient éclairés, & d'autant plus éclairés, que les questions qu'ils décident sont plus compliquées." „Lorsqu'il est impossible d'avoir des Votans assez éclairés, il ne faut admettre au nombre des Candidats que des hommes dont la capacité soit assez certain pour mettre à l'abri des inconvéniens d'un mauvais choix".

Für diese Abhandlung wurden soweit wie möglich Originalquellen aus dem 18. Jahrhundert und den ersten Jahren des 19. Jahrhunderts – der als Gründerzeit der modernen Demokratie angesehenen Epoche – verwendet. Diese Texte stehen entweder in der Muttersprache der französischen Autoren (Montesquieu 1748; Borda 1784a; Condorcet 1785, 1791, 1793/94; Laplace 1784, 1812) oder als Übersetzung in englischer Sprache (Borda 1784 b,c; Condorcet 1784, 1788a,b, 1793; Laplace 1795; Daunou 1803) zur Verfügung. In englischer Sprache liegen auch die Bücher des einzigen in diesem Zusammenhang genannten nichtfranzösischen Autors vor (Bentham 1789, 1791). Bei vielen Zitaten – insbesondere den sprachlich schwierigeren – habe ich die französischen (Montesquieu 1748; Condorcet 1785, 1788b) oder englischen (Bentham 1789, 1791; Todhunter 1865; Baker 1975; Gehrlein 2006) Originale ins Deutsche übersetzt. In mehreren Fällen – insbesondere den leicht verständlichen – habe ich auf die Übersetzung der meist englischen (Schumpeter 1947; Black 1958; Baker 1975; McLean und Hewitt 1994; Saari 1995; Gehrlein 2006) oder ausnahmsweise französischen (Condorcet 1785) Zitate verzichtet. Dabei wurde die ursprüngliche Schreibweise dieser Zitate beibehalten, was besonders bei dem in veralteter Sprache verfassten Text von Condorcet auffällt. Die ursprüngliche Rechtschreibung wurde auch bei den Zitaten aus deutschsprachigen Quellen unverändert gelassen. Die vor der letzten Rechtschreibreform veröffentlichten deutschen Zitate (Reichardt 1973; Dieudonné 1985) wurden nicht den neuen Regeln angepasst. Unverändert blieb auch das – im Nürnberger Dialekt des 16. Jahrhunderts geschriebene – zitierte Gedicht von Hans Sachs.

Alltägliches Beispiel aus dem wirklichen Familienleben

Der am selben Ort wohnende Teil (m)einer Großfamilie einschließlich der Schwiegerkinder (insgesamt zwölf Personen) trifft sich regelmäßig zum gemeinsamen Mittagessen. Als Nachtisch gibt es immer Eis. Dazu wird eine Großpackung jeweils einer von drei verfügbaren Sorten (Sch=Schokolade, Van=Vanille, Erd=Erdbeere) aufgetischt. Welche Eissorte auf den Tisch kommt, wird von den zwölf Mitgliedern der Familie bei jedem Treffen demokratisch entschieden. Jedes Familienmitglied richtet sich dabei nach seiner persönlichen Präferenzordnung:

Generation der

$$\text{Großeltern} \begin{cases} \text{Wulf} & \text{Van} > \text{Erd} > \text{Sch} \Rightarrow \text{Van} > \text{Sch} \\ \text{Jytte} & \text{Erd} > \text{Sch} > \text{Van} \Rightarrow \text{Erd} > \text{Van} \end{cases}$$

$$\text{Eltern} \begin{cases} \text{Cora} & \text{Sch} > \text{Van} > \text{Erd} \Rightarrow \text{Sch} > \text{Erd} \\ \text{Vera} & \text{Sch} > \text{Van} > \text{Erd} \Rightarrow \text{Sch} > \text{Erd} \\ \text{John} & \text{Van} > \text{Erd} > \text{Sch} \Rightarrow \text{Van} > \text{Sch} \\ \text{Tom} & \text{Van} > \text{Erd} > \text{Sch} \Rightarrow \text{Van} > \text{Sch} \\ \text{Mike} & \text{Erd} > \text{Sch} > \text{Van} \Rightarrow \text{Erd} > \text{Van} \end{cases}$$

$$\text{Enkel} \begin{cases} \text{Virginie} & \text{Sch} > \text{Erd} > \text{Van} \Rightarrow \text{Sch} > \text{Van} \\ \text{Rita} & \text{Sch} > \text{Erd} > \text{Van} \Rightarrow \text{Sch} > \text{Van} \\ \text{Feodora} & \text{Erd} > \text{Van} > \text{Sch} \Rightarrow \text{Erd} > \text{Sch} \\ \text{Paula} & \text{Van} > \text{Sch} > \text{Erd} \Rightarrow \text{Van} > \text{Erd} \\ \text{Erkki} & \text{Sch} > \text{Van} > \text{Erd} \Rightarrow \text{Sch} > \text{Erd} \end{cases}$$

Durch einfaches Mehrheitsvotum wird jeweils gesondert entschieden, welche Eissorte auf der ersten bzw. der zweiten bzw. der dritten Stelle der kollektiven Rangordnung stehen soll. Dieses Verfahren wird später als Condorcet-Methode oder als Pluralitätsregel bezeichnet. Bei der Abstimmung zur ersten Stelle entfallen fünf Stimmen auf Schokolade, vier Stimmen auf Vanille und drei Stimmen auf Erdbeere. Bei der Abstimmung zur zweiten Stelle entfallen drei Stimmen auf Schokolade, vier Stimmen auf Vanille und fünf Stimmen auf Erdbeere. Bei der Abstimmung zur dritten Stelle entfallen vier Stimmen auf Schokolade, vier Stimmen auf Vanille und vier Stimmen auf Erdbeere. Der Mehrheitsbeschluss je Stelle ergibt zur ersten Stelle Schokolade (relative Mehrheit von fünf Stimmen) und zur zweiten Stelle Erdbeere (relative Mehrheit von fünf Stimmen) als Sieger; für die dritte Stelle der kollektiven Rangordnung verbleibt dann Vanille, also

Schokolade > Erdbeere > Vanille

Eine alternative Stimmenauszählung geht von den Paarvergleichen aus, die jedes Familienmitglied für jeweils zwei Eissorten anstellen kann. Bei drei Eissorten gibt es 3! = 6 verschiedene Möglichkeiten der Bildung von Sortenpaaren und damit von Paarvergleichen. Dann wird ausgezählt, wie viele Personen die einzelnen Paarvergleiche für richtig halten. Dieses Verfahren wird später als Borda-Methode oder als Majoritätsregel bezeichnet. In unserem Beispiel wird der Paarvergleich Van > Erd von sieben Personen, der komplementäre Vergleich Erd > Van dagegen nur von fünf Personen unterstützt. Der Paarvergleich Erd > Sch wird wie der Vergleich Sch > Erd von jeweils sechs Personen unterstützt. Der Paarvergleich Van > Sch wird von fünf Personen, der komplementäre Vergleich Sch > Van von sieben Personen vertreten. Danach werden die Aussagen Sch > Van und Van > Erd von einer Mehrheit von jeweils sieben Personen – gegen fünf Stimmen, die die entgegengesetzten Aussagen Van > Sch und Erd > Van bevorzugen – für richtig erklärt. Aus den mehrheitlich beschlossenen Aussagen Sch > Van und Van > Erd sollte sich nach der Logik die Aussage Sch > Erd ergeben; die Stimmenauszählung führt allerdings zu Sch=Erd. Unberührt von dieser Unstimmigkeit lautet die kollektive Rangordnung nun

Schokolade > Vanille > Erdbeere

Der Sieger nach der Majoritätsregel (Borda) wie nach der Pluralitätsregel (Condorcet) ist also die Schokolade; für die zweit- und die drittplatzierte Aussage ergibt sich dagegen ein Austausch:

Majoritätsregel Van > Erd gegen Pluralitätsregel Erd > Van.

Dieser Widerspruch zwischen den beiden Methoden ist ein Paradoxon. Wenn man ausschließlich die Erstplatzierungen zählt und die Zweit- und Drittplatzierungen nicht beachtet, erhält man fünf Stimmen für Schokolade, vier Stimmen für Vanille und drei Stimmen für Erdbeere, womit eindeutig die Schokolade als der Sieger feststeht, der auch von beiden Regeln richtig ermittelt wird. Nach diesem Beispiel liegt die Schlussfolgerung nahe, dass die einfache Pluralitätsregel nach Condorcet ausreicht, wenn man nur an der Ermittlung des Siegers interessiert ist; die Majoritätsregel nach Borda würde zu diesem Zweck die Rechnung unnötigerweise komplizieren und – wenn auch eine hier nicht relevante – Unsicherheit in der Platzierung der nachrangigen Sorten schaffen.

In einer Datenvariante soll die Frage angesprochen werden, was geschieht, wenn Personen bei der Angabe ihrer Präferenzordnung nicht sicher oder nicht ehrlich sind. Enkelsohn Erkki, der sein besonderes Interesse für Mathematik von seinem Großvater Wulf und seinen Eltern Cora und Tom geerbt hat, in seiner Schulklasse aber vor allem wegen seines Hangs zum Schabernack geachtet ist, ärgert sich darüber, dass das an zweiter Stelle seiner individuellen Präferenzordnung stehende Vanilleeis nach dem Mehrheitsbeschluss hinter das von ihm verabscheute Erdbeereis an die letzte Stelle der kollektiven Präferenzordnung rutschen würde. Um dies zu verhindern, stellt er pfiffig seine eigene Präferenzordnung zurück und ersetzt sie durch Sch > Erd > Van. Damit verletzt er zwar teilweise sein wahres Bedürfnis (was ihm hinnehmbar erscheint, da die Spitzenposition des auch von ihm bevorzugten Schokoladeneises durch diese Manipulation nicht gefährdet ist), handelt aber zugunsten einer von ihm verfolgten „höheren" Strategie. Er muss dadurch nach gesonderter Abstimmung über jede Stelle der Rangfolge als kollektive Präferenzordnung nach wie vor den Mehrheitsbeschluss Sch > Erd > Van in Kauf nehmen, so dass seine wahre persönliche mit der kollektiven Präferenzordnung weiterhin nicht übereinstimmt und das Vanilleeis auf der letzten Stelle der kollektiven Präferenzordnung verbleibt. Allerdings hat er als sachkundiger Nutzer mathematischer Modelle nun die Genugtuung, dass die über die einzelnen Paarvergleiche ermittelte kollektive Ordnung zu der direkt mehrheitlich beschlossenen Ordnung nicht mehr in so krassem Widerspruch steht wie vor der Manipulation; denn nach dem Modell der Paarvergleiche gilt Van=Erd, während nach dem Mehrheitsbeschluss je Stelle Erd > Van gilt, so dass wenigstens bei einem Modell Van aufgewertet wird und den gleichen Rang erhält wie Erd. Die Manipulation bewirkt eine Abmilderung des ursprünglichen Paradoxons, verursacht aber gleichzeitig einen anderen Widerspruch innerhalb des Modells der Paarvergleiche, indem sowohl die Aussage Sch > Erd als auch die Aussage Sch=Erd getroffen wird (siehe folgende schematische Übersicht). Im Übrigen geht das Schokoladeneis aus beiden Modellen vor und nach der Manipulation als Sieger hervor.

Wahlsituation bei wahren individuellen Präferenzordnungen	
Methode „Mehrheitsbeschluss je Stelle"	Methode „Paarvergleiche"
Stimmen für 1. Stelle: 5 Sch, 4 Van, 3 Erd	Stimmen für 1.Vergleich: 7 Van > Erd gegen 5 Erd > Van
Stimmen für 2. Stelle: 3 Sch, 4 Van, 5 Erd	Stimmen für 2. Vergleich: 6 Erd > Sch gegen 6 Sch > Erd
Stimmen für 3. Stelle: 4 Sch, 4 Van, 4 Erd	Stimmen für 3. Vergleich: 5 Van > Sch gegen 7 Sch > Van
Kollektive Präferenzordnung: Sch > Erd > Van	Kollektive Präferenzordnung Nach Logik: Van > Erd, Sch > Van ⇒ *Sch > Van > Erd* ⇒ *Sch > Erd*
	Nach Rechnung: Sch=Erd
Die fett gedruckten Aussagen sind widersprüchlich (Paradoxon)	

Wahlsituation bei strategischer Manipulation einer individuellen Präferenzordnung	
Methode „Mehrheitsbeschluss je Stelle"	Methode „Paarvergleiche"
Stimmen für 1. Stelle: 5 Sch, 4 Van, 3 Erd	Stimmen für 1.Vergleich: 6 Van > Erd gegen 6 Erd > Van
Stimmen für 2. Stelle: 3 Sch, 3 Van, 6 Erd	Stimmen für 2. Vergleich: 6 Erd > Sch gegen 6 Sch > Erd
Stimmen für 3. Stelle: 4 Sch, 5 Van, 3 Erd	Stimmen für 3. Vergleich: 5 Van > Sch gegen 7 Sch > Van
Kollektive Präferenzordnung:	Kollektive Präferenzordnung
Sch > Erd > Van $\Rightarrow$ *Sch > Van*	Nach Logik: Sch > Van, Van > Erd $\Rightarrow$ ***Sch > Erd***
	Nach Rechnung: **Sch=Erd**
Die fett gedruckten Aussagen sind widersprüchlich (Paradoxon)	

Fiktives realistisches Beispiel aus der Kommunalpolitik

Das folgende Beispiel ist die erweiterte Fassung einer im Zusammenhang mit der nordrhein-westfälischen Landschaftsgesetzgebung konstruierten Szene (Gerß 2006).

Der gewählte Rat einer Gemeinde besteht aus neun Personen, die in drei Fraktionen gruppiert sind. Die „konservative" Fraktion wird aus vier, die „liberale" Fraktion aus zwei und die „sozialistische" Fraktion aus drei Ratsmitgliedern gebildet. Die Ratsmitglieder sind:

Elisabeth Jansen, Hotelbesitzerin, konservativ
Florian Lempel, Lehrer, konservativ
Angelika Rosenstock, Steuerberaterin, konservativ
Eva Wendland, Meteorologin, konservativ
Johann Oberhofer, Milchbauer, liberal
Philipp von Wildenburg, Forstwirt, liberal
Herbert Bruns, Bauingenieur, sozialistisch
Annemarie Faber, Kosmetikerin, sozialistisch
Dr. Konrad Schmittmann, Arzt, sozialistisch

Der nach der nordrhein-westfälischen Gemeindeordnung direkt gewählte hauptamtliche Bürgermeister, der in diesem Beispiel parteilos ist, leitet als Moderator die Ratssitzungen, hat aber dort kein Stimmrecht. Auf der Tagesordnung des Gemeinderats steht die Entscheidung, ob im Flächennutzungsplan ein bestimmtes Flächenstück als Naturschutzgebiet (N), als Gebiet für die Landwirtschaft (L) oder als Gebiet für die Bebauung (B) ausgewiesen werden soll. Zu dieser Frage hat es bereits vorbereitende Fraktionssitzungen gegeben, in denen die Mitglieder jeweils einer Fraktion sich auf eine einheitliche Präferenzordnung festgelegt haben. Die Mitglieder der konservativen Fraktion sprechen sich daher an erster Stelle für die Entscheidung zugunsten des Naturschutzes, die Mitglieder der liberalen Fraktion für die Entscheidung zugunsten der Landwirtschaft und die Mitglieder der sozialistischen Fraktion für die Entscheidung zugunsten der Bebauung aus. Wenn zur Abstimmung die drei Beschlussvorschläge

„Das Gebiet wird für den Naturschutz ausgewiesen"
„Das Gebiet wird für die Landwirtschaft ausgewiesen"
„Das Gebiet wird für die Bebauung ausgewiesen"

vorliegen, erhält der erste Vorschlag vier, der zweite zwei und der dritte drei Stimmen. Wenn nach der Geschäftsordnung des Rates die relative Mehrheit ausreicht, ist die Entscheidung zugunsten des Naturschutzes getroffen. Es ist aber wohl eher zweckmäßig und üblich, dass die Geschäftsordnung die absolute Mehrheit verlangt. Dann kann über die drei Beschlussvorschläge zunächst keine Entscheidung getroffen werden. Die Fraktionen haben für diesen Fall nicht nur die von ihnen favorisierte Lösung, sondern auch ihre Meinung zu den beiden anderen möglichen Lösungen festgelegt, wobei sie auch die Programme ihrer jeweiligen Partei berücksichtigen. Die konservative Fraktion zieht danach die Lösung N der Lösung L und diese der Lösung B (folglich auch die Lösung N der Lösung B) vor. Die liberale Fraktion zieht die Lösung L der Lösung B und diese der Lösung N (folglich auch die Lösung L der Lösung N) vor. Die sozialistische Fraktion zieht die Lösung B der Lösung N und diese der Lösung L (folglich auch die Lösung B der Lösung L) vor.

Um nun zu einer Entscheidung zu kommen, obwohl sich die Präferenzen der Fraktionen nicht ändern und die Ratsmitglieder nicht von ihrer Parteilinie abweichen können oder wollen, muss der Sitzungsleiter die Abstimmung in zwei aufeinander folgenden Stufen über jeweils zwei Alternativen vornehmen lassen. Der Sitzungsleiter muss dabei – was objektiv meistens kaum möglich ist – bestimmen, welche der denkbaren Abstimmungen der ersten Stufe die weitest gehende und damit die für die Entscheidung maßgebliche ist. Der Sitzungsleiter könnte in der ersten Stufe darüber abstimmen lassen, ob das Gebiet in irgendeiner Weise wirtschaftlich genutzt werden oder ungenutzt der Natur überlassen bleiben soll. Die absolute Mehrheit würde dann mit fünf Stimmen auf die Nutzungskategorien L (zwei Stimmen) und B (drei Stimmen) gegen die Kategorie N (vier Stimmen) entfallen. Im zweiten Wahlgang müsste nur noch die Form der beschlossenen wirtschaftlichen Nutzung festgelegt werden. Von den verfügbaren Alternativen L und B würde mit hoher Wahrscheinlichkeit L den Vorzug erhalten. Dies liegt daran, dass im zweiten Wahlgang auch die Anhänger der im ersten Gang unterlegenen Kategorie N stimmberechtigt sind und aus ihrer Interessenlage heraus die normale landwirtschaftliche Nutzung als das kleinere Übel im Vergleich zu der mit der Bebauung verbundenen Bodenversiegelung ansehen, so dass sie ihre Stimme nun für die Kategorie L abgeben. Im zweiten Wahlgang würde die Kategorie L eine absolute Mehrheit von sechs Stimmen (zwei von der liberalen und vier von der konservativen Fraktion) erhalten, obwohl sie eigentlich weniger Anhänger hat als jede andere Kategorie.

In der ersten Stufe könnte der Sitzungsleiter auch die Frage zur Abstimmung stellen, ob das Gebiet zum Schutz des Grundwassers als Trinkwasserreservoir von beliebiger landwirtschaftlicher Nutzung frei bleiben soll. Die Entscheidung mit „ja" würde mit einer Mehrheit von sieben Stimmen – vier der konservativen und drei der sozialistischen Fraktion – zustande kommen. In der zweiten Stufe würde dann eine Mehrheit von fünf Stimmen – drei der sozialistischen und zwei der liberalen Fraktion – auf die Alternative B entfallen, wenn die Anhänger der nicht mehr zur Wahl stehenden Alternative L sich von dem neuen Baugebiet im Interesse benachbarter Landwirte die Ansiedlung vieler Familien mit pferdenärrischen Töchtern erhoffen.

Schließlich könnte der Sitzungsleiter in der ersten Abstimmungsstufe die Frage beantworten lassen, ob es wichtiger ist, für zusätzliche Einwohner eine weitere Fläche – mit der Gefahr von Überschwemmungen wegen der dann nicht mehr ausreichend möglichen Versickerung des Oberflächenwassers – zu bebauen oder den landschaftlichen Freiraum im baurechtlichen Außenbereich zu erhalten. Diese Frage würde zugunsten des Freiraums mit einer Mehrheit von sechs Stimmen – vier der konservativen und zwei der liberalen Fraktion – entschieden. Im zweiten Wahlgang würde eine Mehrheit von sieben Stimmen – vier der konservativen und drei der sozialistischen Fraktion – für die Nutzungskategorie N stimmen, weil für die allgemein an neuen Wohnsiedlungen interessierten Ratsmitglieder ein Naturschutzgebiet zur Naherholung attraktiver ist als eine landwirtschaftliche Nutzfläche.

Alle drei Möglichkeiten des zweistufigen Abstimmungsverfahrens sind in gleicher Weise im Sinne der Fraktionsdisziplin rational und nach dem Mehrheitsprinzip demokratisch; trotzdem würde bei der ersten Variante die Entscheidung zugunsten der Kategorie L, bei der zweiten Entscheidung dagegen zugunsten der Kategorie B und bei der dritten Entscheidung zugunsten der Kategorie N ausfallen. Der Sitzungsleiter kann also das Abstimmungsverfahren durch seine Formulierung der ersten Stufe so steuern, dass jedes beliebige Ergebnis als optimale Entscheidung produziert wird.

In der Praxis der parlamentarischen Entscheidungen ist die Abstimmung nach Fraktionszwang anscheinend die Regel. Damit wird so verfahren, als ob alle Mitglieder jeweils einer Fraktion dieselbe Präferenzordnung hätten. In Wahrheit können die Präferenzordnungen der einzelnen Ratsmitglieder auch innerhalb der Fraktion unterschiedlich sein. Wenn man jedem Ratsmitglied zugesteht, bei Abstimmungen seiner möglicherweise von den Präferenzen der Fraktion abweichenden individuellen Präferenzordnung zu folgen, wird das Ergebnis der Entscheidungen nach dem Mehrheitsprinzip noch unübersichtlicher und eventuell unbefriedigender, obwohl die Entscheidungen der einzelnen Ratsmitglieder wegen deren Unabhängigkeit voneinander noch besser die Anforderungen an eine ideale Demokratie erfüllen als unter Fraktionszwang und obwohl die Entscheidungen im Sinne der individuellen Präferenzstruktur vollkommen rational bleiben. In unserem Beispiel sei unterstellt, dass die Ratsmitglieder Elisabeth Jansen, Angelika Rosenstock, Philipp von Wildenburg, Herbert Bruns, Annemarie Faber und Dr. Konrad Schmittmann in ihrer persönlichen Meinung zu dem behandelten Tagesordnungspunkt von der Parteilinie abweichen und dies auch in ihrem Abstimmungsverhalten zum Ausdruck bringen können. Während Eva Wendland und Florian Lempel mit ihrem Votum „N vor L vor B" als Freunde des naturgeschützten oder notfalls auch landwirtschaftlich genutzten Freiraums der Linie der konservativen Partei folgen, favorisieren Angelika Rosenstock und Elisabeth Jansen zwar auch den natürlichen Freiraum, befürchten aber schädliche Umweltauswirkungen der Landwirtschaft. Während Johann Oberhofer als konventioneller Landwirt, der den Naturschützern misstraut und vielleicht an den günstigen Verkauf seines Ackers als Bauland denkt, bei der Linie der liberalen Partei (L vor B vor N) bleibt, weicht Philipp von Wildenburg als vom forstwirtschaftlichen Nachhaltigkeitsprinzip geprägter Ökobauer mit Sinn für den Naturschutz von der Parteilinie ab. Herbert Bruns, Annemarie Faber und Dr. Konrad Schmittmann setzen sich mit ihrem Votum von der Linie der sozialistischen Partei (B vor N vor L) ab, weil sie als bauwillige Familienväter/-mütter sich siedlungsnahe Pferdehaltungen für ihre reitbegeisterten Töchter wünschen. Die individuellen Präferenzordnungen der neun Ratsmitglieder sind somit:

Elisabeth Jansen	N vor B vor L	daraus folgt:	N vor L
Florian Lempel	N vor L vor B	daraus folgt	N vor B
Angelika Rosenstock	N vor B vor L	daraus folgt	N vor L
Eva Wendland	N vor L vor B	daraus folgt	N vor B

Johann Oberhofer	L vor B vor N	daraus folgt	L vor N
Philipp von Wildenburg	L vor N vor B	daraus folgt	L vor B
Herbert Bruns	B vor L vor N	daraus folgt	B vor N
Annemarie Faber	B vor L vor N	daraus folgt	B vor N
Dr. Konrad Schmittmann	B vor L vor N	daraus folgt	B vor N

Die kollektive Präferenzordnung des Gemeinderats insgesamt folgt aus der Anwendung des Mehrheitsprinzips. Beim Paarvergleich der Alternativen N und L ergibt sich eine Mehrheit von fünf Stimmen (Oberhofer, von Wildenburg, Bruns, Faber, Dr. Schmittmann) zugunsten von L. Beim Paarvergleich der Alternativen L und B ergibt sich eine Mehrheit von fünf Stimmen (Jansen, Rosenstock, Bruns, Faber, Dr.Schmittmann) zugunsten von B. Beim Paarvergleich der Alternativen N und B ergibt sich eine Mehrheit von fünf Stimmen (Jansen, Lempel, Rosenstock, Wendland, von Wildenburg) zugunsten von N. Ausgehend von der gegebenen Situation, dass vier Ratsmitglieder der Alternativen N, drei Mitglieder der Alternativen B und zwei Mitglieder der Alternativen L höchste Priorität geben, folgt als demokratisch beschlossene kollektive Präferenzordnung „N vor B vor L". Bemerkenswert ist, dass diese Anordnung nur von zwei Ratsmitgliedern (Jansen und Rosenstock) vollständig mitgetragen wird. Die logische Folgerung aus dieser kollektiven Präferenzordnung wäre die Rangfolge „N vor L", die der Wunschvorstellung von vier Ratsmitgliedern (Jansen, Lempel, Rosenstock, Wendland) entspricht. In Wirklichkeit entfällt aber die absolute Stimmenmehrheit von fünf Ratsmitgliedern (Oberhofer, von Wildenburg, Bruns, Faber, Dr. Schmittmann) auf die Rangfolge „L vor N". Die mehrheitlich favorisierte kollektive Präferenzordnung „N vor B vor L", aber trotzdem „L vor N" ist also in sich widersprüchlich und daher nicht umsetzbar. Diese Präferenzordnung würde bei einem Paarvergleich der Alternativen den Vorzug von N vor B, von B vor L, von L vor N und dann wieder von N vor B, von B vor L und so weiter ohne Ende des Abstimmungsprozesses bedeuten. Die Präferenzordnung wäre „zyklisch" und damit sinnlos.

Zu beachten ist, dass in diesem Beispiel die Spielregeln demokratischer parlamentarischer Beschlüsse im vollen Umfang eingehalten werden. Jedes einzelne Ratsmitglied verhält sich außerdem vollkommen rational und vertritt konsequent seine während des ganzen Abstimmungsverfahrens unveränderte persönliche Meinung. Das Ergebnis ist zwar perfekt demokratisch, aber rational nicht interpretierbar und daher unbrauchbar.

Exkurs zu Mängeln des Planungsrechts

Zum besseren Verständnis des Beispiels aus der Kommunalpolitik ist ein Blick auf das Planungsrecht zweckmäßig. Allgemein ist Planung die auf die Verwirklichung eines Zieles oder einer Absicht ausgerichtete Überlegung. Ein Plan ist ein Schriftstück, in dem aufgezeichnet ist, wie etwas, das geschaffen oder getan werden soll, in Wirklichkeit auszusehen hat oder durchzuführen ist. Das Planungsrecht im engeren Sinn regelt die beabsichtigte oder zulässige Inanspruchnahme von Fläche und Raum. Solche Pläne können als formelles Gesetz (Beispiel Haushaltsplan), Satzung (Bebauungsplan und Landschaftsplan), Verwaltungsakt (Planfeststellungsbeschluss) oder Realakt (Umweltschutzbericht) aufgestellt werden. Der folgende Überblick beschreibt das Planungsrecht am Beispiel des Landes Nordrhein-Westfalen und gibt zu diesem Zweck verkürzt den Inhalt der Unterkapitel „Raumordnung/Landesplanung/Bauleitplanung" und „Landschaftsplanung" des „Handbuchs Verbandsbeteiligung Nordrhein-Westfalen" wieder, das vom „Landesbüro der Naturschutzverbände Nordrhein-Westfalen" für die bevollmächtigten Bearbeiter herausgegeben wurde, die nach dem Bundesnaturschutzgesetz und dem Landschaftsgesetz des Landes Nordrhein-Westfalen Stellungnahmen abzugeben haben (Krüsemann und Stenzel 2006). Die staatliche Planung der Fläche und des Raumes geht von der Bundesebene aus und wird über die Ebene der Bundesländer bis zur regionalen Ebene immer konkreter. Die Raumordnung legt auf Bundesebene die angestrebte Verteilung räumlicher Strukturen und Nutzungen für die untergeordneten Planungsebenen und die Fachplanungen verbindlich fest. Die Instrumente der Raumordnung und Landesplanung – bezeichnet als räumliche Gesamtplanung – sind auf Bundesebene das Bundesraumordnungsprogramm und auf Landesebene in Nordrhein-Westfalen das Landesentwicklungsprogramm und der Landesentwicklungsplan. Auf regionaler Ebene (Regierungsbezirke) schließt sich der Regionalplan (früher „Gebietsentwicklungsplan") an. Unterhalb der staatlichen Planung erfolgt die kommunale Gesamtplanung durch die den einzelnen Gemeinden obliegende Bauleitplanung, die den Flächennutzungsplan und den Bebauungsplan umfasst. Die besonderen Anliegen des Naturschutzes werden über die Landschaftsplanung (Landschaftsprogramm und Landschaftsrahmenplan) in die Gesamtplanung auf Landesebene und regionaler Ebene eingebracht. Für die einzelnen Landschaftspläne sind die Kreise und kreisfreien Städte zuständig.

Für das Bundesgebiet und das Bundesland sind „Ziele" und „Grundsätze" der Raumordnung und Landesplanung festgelegt worden. Die „Ziele" sind bei raumbedeutsamen Planungen und Maßnahmen öffentlicher Stellen strikt zu beachten und können nicht im Wege der Abwägung oder Ermessensausübung überwunden werden. Bauleitpläne sind an diese Ziele anzupassen. Als Ziele sind im Landesentwicklungsplan zum Beispiel die „Gebiete zum Schutz der Natur" ab einer Flächengröße von 75 Hektar dargestellt. Die „Grundsätze" müssen von allen öffentlichen Planungsträgern im Rahmen ihrer Entscheidungen berücksichtigt werden, unterliegen dabei allerdings der Abwägung. Die Grundsätze bleiben ziemlich vage; die stets verbindlichen Ziele sind dagegen viel konkreter. So schreibt der Landesentwicklungsplan zum Beispiel als Ziel vor, dass eine Überplanung von „Gebieten zum Schutz der Natur" oder von Wald nur zulässig ist, wenn die Planung nicht an anderer Stelle realisierbar ist und der Eingriff auf das unbedingt erforderliche Maß beschränkt wird. Aufgrund dieses übergeordneten Zieles kann dann in einem Verfahren zur Änderung des nachgeordneten Regionalplans, das eine Neudarstellung für eine Siedlungsfläche in einem Wald oder in einem „Gebiet für den Schutz der Natur" vorsieht, eine umfassende Alternativenprüfung gefordert werden.

Auf regionaler Ebene sind die Ziele aus der übergeordneten Planung im Regionalplan zu „beachten", das heißt, sie dürfen von diesen Vorgaben nicht abweichen. Im Regionalplan werden in der Regel Flächen ab einer Größe von zehn Hektar dargestellt, unter anderem für die „Bereiche zum Schutz der Natur". Nachgeordnete Planungsträger wie Kreise und kreisfreie Städte sowie kreisangehörige Gemeinden haben die Vorgaben des Regionalplans ohne die Möglichkeit einer erneuten Abwägung zwingend zu beachten. So sind zum Beispiel die im Regionalplan dargestellten „Bereiche zum Schutz der Natur" bei der Festsetzung von Naturschutzgebieten im Landschaftsplan und bei der Aufstellung und Änderung der Flächennutzungs- und Bebauungspläne ohne Abstriche zu übernehmen. Die Regionalpläne werden von den Bezirksplanungsbehörden (Regierungspräsidien) in 10- bis 15-jährigen Abständen komplett neu aufgestellt und in den Zwischenzeiten teilweise bei Bedarf laufend geändert. Alle Beschlüsse zur Aufstellung und Änderung werden vom Regionalrat gefasst, der somit der maßgebliche Lenker der Regionalplanung ist. Die Mitglieder der Regionalräte bei den Bezirksregierungen werden von den Kreistagen und Stadträten der Kreise und kreisfreien Städte gewählt. Die Zusammensetzung der Regionalräte richtet sich nach den Stimmenanteilen der Parteien bei den jeweils letzten Kommunalwahlen. Der Regionalrat ist souverän und kann alle Entwürfe der Bezirksplanungsbehörde revidieren. Nur die Landesplanungsbehörde (zuständiges Ministerium) könnte über die ihr obliegende Genehmigung des Regionalplans eine Revision der Entscheidung des Regionalrats erreichen.

Die Gemeinden führen die Bauleitplanung (vorbereitende Flächennutzungspläne und verbindliche Bebauungspläne) im Rahmen ihrer grundsetzlich garantierten kommunalen Planungshoheit nach dem unmittelbar geltenden Bundes-Baugesetzbuch durch. Die Flächennutzungspläne stellen die derzeitige und die geplante Nutzung der gesamten Gemeindefläche dar und sind nur für die Gemeinde selbst verbindlich. Die Bebauungspläne setzen die zulässige Nutzung der Grundstücke für jeweils ein Teilgebiet der Gemeindefläche entsprechend dem Flächennutzungsplan detailliert fest und sind als kommunale Satzungen für jeden rechtsverbindlich. Die Gemeinden müssen ihre Bauleitpläne den Zielen der Raumordnung und Landesplanung anpassen. In Nordrhein-Westfalen müssen sie daher bei Beginn ihrer Arbeiten zur Aufstellung oder Änderung eines Bauleitplans bei der Bezirksplanungsbehörde anfragen, welche Ziele für den Planungsbereich bestehen. Unvereinbare Planungen werden von der Bezirksplanungsbehörde untersagt.

Die Landschaftsplanung dient zum Einen als Instrument, naturschutzfachliche Ziele umzusetzen; zum Anderen liefert die Landschaftsplanung die ökologischen Beiträge für die räumliche Gesamtplanung, also die Landes-, Regional- und Bauleitplanung. Die Regionalpläne fungieren in Nordrhein-Westfalen auch als Landschaftsrahmenpläne, enthalten aber nur die mit anderen Belangen bereits abgewogenen Ziele des Naturschutzes, also nicht alle aus fachlicher Sicht gebotenen regionalen Erfordernisse und Maßnahmen zur Verwirklichung des Naturschutzes ohne Abwägung mit anderen Belangen. Der Landschaftsplan ist in Nordrhein-Westfalen als Satzung allgemein verbindlich und dient auf örtlicher Ebene der Unterschutzstellung bestimmter Teile von Natur und Landschaft. Der Landschaftsplan ist außerhalb des Bereichs der Bebauungspläne flächendeckend; er wird im baulichen Innenbereich durch stadtökologische Fachbeiträge ergänzt, um eine totale Flächendeckung – wie sie vom Bundesnaturschutzgesetz gefordert wird – zu erreichen. Der Landschaftsplan bedarf der Genehmigung durch die Höhere Landschaftsbehörde (Bezirksregierung), die nur bei nicht ordnungsgemäßem Zustandekommen oder bei dem Landschaftsgesetz des Landes Nordrhein-Westfalen widersprechenden Formulierungen versagt werden darf.

Die folgenden kritischen Anmerkungen beruhen auf meiner jahrzehntelangen Mitgliedschaft in gesetzlichen Mitwirkungsgremien der staatlichen und der kommunalen Planung (Landschaftsbeiräte des Umweltministeriums Nordrhein-Westfalen, der Bezirksregierung Düsseldorf und des Kreises Mettmann, Regionalrat des Regierungsbezirks Düsseldorf, Umwelt-/Planungs-/Stadtentwicklungsausschuss des Gemeinderats Heiligenhaus). Die kommunale Planungshoheit wurde als ein Schritt zur Demokratisierung im frühen 19. Jahrhundert in das Kommunalverfassungsrecht eingeführt, als die Bewirtschaftung knapper Flächen und der Umweltschutz durch Freiraumschutz noch keine drängenden Themen waren (Gerß 2008). Heute muss dagegen die Fläche vor übermäßiger Bebauung geschützt werden. Die traditionelle Planungshoheit der Gemeinden geht zu Lasten des Freiraumschutzes, der wie der die kommunale Grenze überschreitende Umweltschutz nicht in der Zuständigkeit der Gemeinden verbleiben darf. Die Vorgaben des Landesentwicklungsplans zur Begrenzung des Flächenverbrauchs sind aber bis heute in der Praxis nur Appelle an die Gemeinden zur freiwilligen und jederzeit revidierbaren Selbstverpflichtung, aber keine rechtsverbindlich durchsetzbaren Einschränkungen. Die Vorliebe der Gemeinden zur Ausweisung zusätzlicher Baugebiete wird durch den kommunalen Finanzausgleich im Gemeindefinanzierungsgesetz sogar noch unterstützt, indem die begehrte Steigerung der finanziellen Zuweisungen aus der Landeskasse fast nur von einer Zunahme der Einwohnerzahl abhängig gemacht wird, was bei insgesamt stagnierender oder sogar abnehmender Bevölkerung nur durch die Abwerbung von Bürgern aus anderen Gemeinden möglich ist. Die so entstehende Konkurrenz zwischen den Gemeinden führt zum Angebot eigentlich überflüssiger Wohnungsbebauung und damit Freiraumvernichtung. Es kommt noch dazu, dass das Gehalt des Bürgermeisters mit der Einwohnerzahl positiv korreliert ist. Als kommunale Satzungen sind die Bauleitpläne und die Landschaftspläne zwar formal gleichrangig, in der

Realität ist das Landschaftsrecht aber dem Baurecht untergeordnet. Die vorgeschriebene Umweltverträglichkeitsprüfung enthält zwar die Anforderungen des Landschaftsschutzes, schließt aber nicht deren Verbindlichkeit ein. Die im Landschaftsrecht gegebene Möglichkeit der altruistischen Verbandsklage gegen natur- und umweltschädliche Vorhaben fehlt im Baurecht. Der Landschaftsrahmenplan ist kein eigenständiges Fachgutachten, das erst in einem zweiten Schritt in den Regionalplan integriert wird. Die Landschaftsplanung ist daher nur eingeschränkt für die Bewertung von Eingriffen in Natur und Landschaft und für die Prüfung der Umweltverträglichkeit nutzbar. Die zur Ergänzung der Landschaftsplanung im baulichen Innenbereich der Gemeinden aufzustellenden Fachbeiträge sind mit ihrer Beschränkung auf den Arten- und Biotopschutz inhaltlich nicht ausreichend. Im Übrigen fehlen heute immer noch viele Landschaftspläne, nachdem sie durch das Landschaftsgesetz des Landes Nordrhein-Westfalen bereits vor 40 Jahren vorgeschrieben wurden.

Die Mitglieder der Regionalräte haben keine direkte, sondern nur eine indirekte demokratische Legitimation als Delegierte der demokratisch gewählten Kreistage und Stadträte; sie sollten selbst direkt gewählt werden. Die Regionalratsmitglieder können in Interessenkonflikte geraten, da sie einerseits die unabhängige übergeordnete Landesplanung in ihrer letzten Form als Regionalplan zu beschließen haben und andererseits ihre Handlungsvollmacht als Interessenvertreter von dem planerisch untergeordneten kommunalen Bereich beziehen, der von der Landesplanung beaufsichtigt werden soll. In den Regionalräten werden die Debatten immer mehr von den Plenarsitzungen in die Fraktions- und Ausschusssitzungen verlagert und dort auch zu Vorab-Entscheidungen geführt. Dadurch wird die im Landesplanungsgesetz vorgeschriebene Beratung der Regionalräte durch „sachkundige Mitglieder" – die als Einzelkämpfer nicht an allen meistens parallel tagenden Fraktionssitzungen teilnehmen können – untergraben, so dass der Sachverstand nicht mehr zum entscheidenden Zeitpunkt gehört werden kann. Auch bei den Landschaftsbeiräten als Interessenvertretungen des Natur- und Landschaftsschutzes gemäß Landschaftsgesetz gehen gesetzlicher Anspruch und Wirklichkeit auseinander, da ihre Zusammensetzung nicht mit ihrem gesetzlichen Auftrag abgestimmt ist. Darüber hinaus wurden die Beiräte bei den Höheren Landschaftsbehörden (Bezirksregierungen) und bei der Obersten Landschaftsbehörde (Landesumweltministerium) durch die letzte Novellierung des Landschaftsgesetzes ersatzlos abgeschafft und die frühere Macht der Beiräte bei den Unteren Landschaftsbehörden (wirksame Einspruchsmöglichkeit gegen Befreiungen von Landschaftsschutzbestimmungen) weitgehend beseitigt.

Diese komprimierte Mängelliste mag andeuten, warum es so schwierig ist, in der planungsrechtlichen Realität rationale Entscheidungen zu erreichen, die nach neuestem Wissensstand fundiert, aber gleichzeitig demokratisch legitimiert und nach Möglichkeit auch mit herkömmlichen Grundsätzen vereinbar sind.

Paradoxon von Condorcet

Marie Jean Antoine Nicolas Caritat Marquis de Condorcet wurde am 17. September 1743 als Sohn einer alten Adelsfamilie in Ribemont bei St. Quentin in Frankreich geboren und lebte nach seiner Erziehung durch Jesuiten ab 1759 in Paris. Im Jahr 1769 wurde er zum Mitglied der französischen Akademie der Wissenschaften und ab 1776 zu deren ständigem Sekretär gewählt. Daneben war er an mehreren anderen Einrichtungen der Wissenschaftsverwaltung (Instituten und Akademien) beteiligt. Unter dem französischen Staatmann und Ökonomen Anne Robert Jacques Turgot Baron de l'Aulne wurde er Finanzinspektor und Direktor der Seefahrt. Er engagierte sich in den Ereignissen der französischen Revolution und wurde 1792 als führender Vertreter der Fraktion der Girondisten (das heißt der gemäßigten Republikaner) Präsident der Nationalversammlung. Nach der Konzentration der Macht in dem von den Jakobinern beherrschten sogenannten „Nationalkonvent" wurden die Girondisten 1793 geächtet und verfolgt. Condorcet wurde am 27. März 1794 (nach anderer Quelle am 5. April 1794) verhaftet und vermutlich vergiftet. Er wurde am folgenden Tag im Gefängnis von Bourg-la-Reine tot aufgefunden.

Die wissenschaftliche Bedeutung von Condorcet ist zweifelhaft. In einem älteren Lexikon (Meyers Kleines Konversationslexikon, Siebente Auflage, Leipzig und Wien 1908) wird er nur als „Geschichtsphilosoph", aber immerhin als Mitarbeiter der „Encyclopédie" bezeichnet („Encyclopédie ou dictionnaire raisonné des sciences des arts et des métiers", herausgeben von Denis Diderot, Jean le Rond d'Alembert und anderen, Paris 1751 – 1780). Als „Hauptwerk" wird dort nur sein Entwurf einer „Nationalerziehung" erwähnt („Esquisse d'un tableau historique des progrès de l'esprit humain, Paris 1794, beruhend auf fünf „Mémoires sur l'instruction publique" 1791). Posthum erschienen seine „Oeuvres" ohne Hinweise zum Inhalt im Titel (Paris 1847 bis 1849). Erst in einem neueren Lexikon wurde Condorcet auch als „Mathematiker" (und Politiker) bezeichnet (Der Neue Brockhaus, dritte Auflage, Wiesbaden 1965) und als Autor von Arbeiten über die Integralrechnung (1768) und über die Kometen (1777) erwähnt. Im Übrigen wird Condorcet bis in die Gegenwart kaum als bedeutender

Mathematiker angesehen. In dem 942 Seiten starken umfassenden Werk von Jean Dieudonné „Geschichte der Mathematik 1700 bis 1900" (Deutsche Übersetzung in Braunschweig und Wiesbaden 1985) wird Condorcet eher beiläufig nur an zwei Stellen kurz erwähnt:

S. 22: „Im Jahre 1777 löste [der Schweizer Mathematiker Leonhard Euler] ein von Condorcet gestelltes Iterationsproblem, den Grenzwert der durch

$a_1 = r > 0$, $a_{n+1} = r^{a_n}$ für $n \geq 1$ definierten Folge (a_n) zu bestimmen".

S. 718: „Seit seiner Herausbildung erfuhr der Terminus ‚Wahrscheinlichkeit' zwei Deutungen:

de re-Eigenschaft von Dingen und de dicto-Eigenschaft von Aussagen.... Für diese beiden Aspekte sind verschiedene Benennungen vorgeschlagen worden. Condorcet führte ‚Umgänglichkeit' und ‚Motiv zu glauben' ein."

In der Gegenwart sind mit dem Namen Condorcet vor allem dessen mathematische Arbeiten über das sogenannte „Condorcet-Paradoxon" verbunden. Die folgende Übersicht stellt das Condorcet-Paradoxon in dem einfachen Fall einer Wahl mit drei Wählern (I, II, III) und drei zur Wahl stehenden Kandidaten (A, B, C) schematisch dar:

Präferenzen von Wähler I: $A > B$, $B > C \Rightarrow A > C$ rational
Präferenzen von Wähler II: $B > C$, $C > A \Rightarrow B > A$ rational
Präferenzen von Wähler III: $C > A$, $A > B \Rightarrow C > B$ rational

Mehrheitsentscheidungen:

$\left.\begin{array}{l}\{I, III\} > \{II\} \Rightarrow A > B \\ \{I, II\} > \{III\} \Rightarrow B > C\end{array}\right\} \Rightarrow \mathbf{A > C}$ rational

$\{II, III\} > \{I\} \Rightarrow$ $\mathbf{C > A}$ paradox

Die Arbeiten über das Paradoxon blieben für lange Zeit im Verborgenen. Dazu liefert Jean Dieudonné eine Begründung, warum von Mathematikern, die wie Condorcet stark in der Politik und beruflich in der öffentlichen Verwaltung engagiert waren, kaum nennenswerte wissenschaftliche Leistungen zu erwarten sind (Dieudonné 1985 S. 4–5): „[Die für die Mathematik als charakteristisch angesehene] Notwendigkeit, den Problemen, die sie [das heißt die Mathematiker] zu lösen versuchen, lange Stunden des Nachdenkens zu widmen, schließt fast automatisch die Möglichkeit aus, sich Aufgaben aus anderen Gebieten, die stark in Anspruch nehmen (beispielsweise in der Verwaltung), zu stellen und dabei ernsthaft wissenschaftlich zu arbeiten. ... Soweit Mathematiker bekannt sind, die hohe Verwaltungs- oder Regierungsfunktionen bekleideten, liegt die Sache so, dass sie während der Dauer dieser Tätigkeiten ihre Forschungen praktisch aufgegeben haben. Aus demselben Grunde ist es selten, dass ein Mathematiker in einer politischen Partei aktiv mitarbeiten kann, ohne dabei seine Probleme zu vernachlässigen. Übrigens haben Mathematiker bis vor ganz kurzer Zeit nur selten extreme politische Positionen eingenommen. ... Da die Mathematiker Rede- und Pressefreiheit sehr hoch schätzen, sind sie im Allgemeinen Anhänger liberaler Auffassungen und finden sich mit Despotien (oder, wie man heute sagt, mit Diktaturen) schwer ab. Gewöhnlich beschränken sie sich aber darauf, als gute Staatsbürger in dem politischen System zu leben, in dem das Schicksal sie zur Welt kommen ließ; sie beteiligen sich viel weniger an Protestbewegungen oder gar Revolten als ihre Zeitgenossen in Kunst und Literatur." Mit dieser Bewertung überrascht es nicht, dass Condorcet wegen seiner Inanspruchnahme durch administrative und politische Aufgaben bei der Prüfung des Niveaus seiner wissenschaftlichen Leistungen als Mathematiker offensichtlich durchgefallen ist. Es mag offen bleiben, ob diese Selbstbeurteilung der mathematischen Leistungsfähigkeit durch einen Mathematiker Ausdruck von Arroganz gegenüber den für geringer gehaltenen intellektuellen Anforderungen anderer Wissenschaften oder Ausdruck von Hochachtung gegenüber den Leistungen von Politikern ist.

Condorcet war ein Mathematiker mit sehr breit gestreuten sozialwissenschaftlichen und politischen Interessen. Baker (1975 S. 383) gibt eine ironische Aussage von Maximilien de Robespierre wieder: „Condorcet war ein großer Mathematiker in den Augen von Geisteswissenschaftlern und ein ausgezeichneter Geisteswissenschaftler in den Augen von Mathematikern." Dementsprechend wurde er in Spottversen als „Hans Dampf in allen Gassen" karikiert. Er war als Prophet der sozialen Mathematik bekannt, deren utopische Vision sich zu einer universellen mathematischen Wissenschaft ausweitete, die alle Aspekte des menschlichen Lebens umfassen konnte. Sein Ansehen bei Historikern und Sozialwissenschaftlern ist aber begrenzt und bei Mathematikern umstritten. An Selbstbewusstsein fehlte es ihm anscheinend nicht. Am 23. Oktober 1761 – also im Alter von 18 Jahren – reichte er bei der königlichen Académie des Sciences in Paris seine Abhandlung „Essai d'une méthode générale pour intégrer les équations differentielles à deux variables" ein. Die Gutachter lehnten zwar die Veröffentlichung wegen der „Schlampigkeit" des Manuskripts und dessen Mangel an Klarheit zunächst ab, akzeptierten aber im Januar/Februar 1764 eine überarbeitete Version, die vor allem von dem renommierten Mathematiker d'Alembert positiv beurteilt wurde. Im Jahr 1765 erschien Condorcets Arbeit „Calcul intégral" schließlich in den Jahresberichten der Académie des Sciences. Während d'Alembert die Arbeit als „ausgezeichnet" pries, verband sein ebenfalls renommierter Berufskollege Joseph-Louis Lagrange seine generelle Zustimmung mit der Kritik, dass gewisse Einzelheiten fehlten.

Condorcet vertrat als Sozialmathematiker und politischer Publizist die Ansicht, dass alle den menschlichen Bereich betreffenden Erkenntnisse nur einen gewissen Wahrscheinlichkeitsgrad von Wahrheit besitzen, aber mit Hilfe der Wahrscheinlichkeitsrechnung exakt nachprüfbar sind. „[Die mathematische Raison greift] mithilfe der Wahrscheinlichkeitsrechnung unmittelbar auf den politischen Bereich über; erst sie macht recht eigentlich eine rationale Philosophie (d.h. Politik im weitesten Sinne) möglich" (Reichardt 1973, S. 37f). Nach dem Sturz des Ministers Turgot – als dessen leitender Mitarbeiter er mit Verwaltungsaufgaben sehr stark in Anspruch genommen wurde – orientierte sich Condorcet wieder mehr nach seinen mathematischen Interessen, vor allem der Wahrscheinlichkeitsrechnung. Er konkurrierte dabei mit Pierre-Simon de Laplace, blieb aber in dessen Schatten. Dieser wissenschaftliche Wettbewerb ist zwischen den Zeilen eines Briefes von Condorcet an Turgot zu spüren: „M. de Laplace ne vous a-t-il pas presenté le projet d'un ouvrage sur les probabilités? J'ai aussi un petit ouvrage sur cet objet, mais plus métaphysique que mathématique" (zitiert nach Reichardt 1973 S. 52). Das „ petit ouvrage" wurde sein fast 500 Seiten starker „Essai sur l'application …". Condorcet beteiligte sich an der Klärung der Begriffe a-priori-Wahrscheinlichkeit (Feststellung der logisch einbezogenen Möglichkeiten) und a-posteriori-Wahrscheinlichkeit (Feststellung der tatsächlich beobachteten Häufigkeiten). Sein im Jahr 1785 erschienener „Essai sur l'application …" wurde aber ähnlich umstritten beurteilt wie seine früheren mathematischen Arbeiten. „The 'Essai' has long been considered the most obscure mathematical work of a mathematician already regarded by his scientific contemporaries as lacking elegance" (Baker

1975 S. 227). Condorcets Anliegen war aber nicht die Weiterentwicklung der Mathematik, sondern der Brückenbau zu den Sozialwissenschaften. „It was Condorcet's professed purpose in the mathematical section of the ‚Encyclopédie méthodique' to remedy [the given] situation. [The mathematicians had been more concerned with the progress of their own mathematical techniques than with that of the political sciences] by revealing the great importance and extent of a science that can only make any great progress to the extent that it is cultivated by men who combine a profound knowledge of the political sciences with mathematical abilities. … Condorcet … was able to reconcile the satisfaction of his mathematical abilities with the imperatives of his passion for the public good" (Baker 1975 S. 82).

In der Person und den Werken Condorcets traten Aufklärung und Regierungspraxis „in eine bis zur Revolution nicht wieder erreichte unmittelbare Beziehung, und die Aufklärer [erhielten] die unschätzbare Gelegenheit, ihre Philosophie in der politischen Aktion zu bewähren" (Reichardt 1973, S. 366). Das Thema Wahl ist der am stärksten rationale Teil von Condorcets politischer Theorie. Sein Ziel war „zu erreichen, dass die Repräsentanten mit dem Willen ihrer Wähler zugleich auch die Raison vertraten" (Reichardt 1973, S. 241 bis 245). Condorcet betrachtete seinen Essai als seinen „wissenschaftlichsten Beitrag zur Lösung politischer Fragen. Er wollte durch Übertragung naturwissenschaftlicher Methodik auf den gesellschaftlichen Bereich eine zweifelsfreie Sozialwissenschaft (mathématique sociale) entwickeln, die das Regieren auf die Anwendung gesicherter jederzeit verfügbarer Regeln reduzieren und schließlich so gut wie überflüssig machen würde". Condorcet verlangte „von den Entscheidungen der Wähler und den Beschlüssen ihrer Vertreter die größtmögliche Übereinstimmung mit der Raison und der Vérité, das heißt mit dem ‚wahren' Mehrheitswillen der als aufgeklärt postulierten Repräsentativversammlungen. Dass deren Mehrheitsentscheidungen jedoch auch wirklich der Wahrheit entsprachen, das hing ganz wesentlich von ihrer Form ab. Mit scheinbar exakt ‚mathematischen' Wahrscheinlichkeitsrechnungen suchte er das beste ‚natürlichste' Wahlverfahren zu ermitteln, das geradezu zwangsläufig ‚wahre' Mehrheitsentscheidungen herbeiführte." Condorcet empfahl, „schwierige Fragen in Einzelfragen oder in ein System einander polar gegenüberstehender Sätze zu zerlegen und über jeden Satz mit einfachen [Entscheidungen] ja oder nein abzustimmen, bis über das ganze Problem eindeutig entschieden sei".

Dass diese Empfehlung keineswegs vor Manipulation schützt, geht aus dem beschriebenen fiktiven Beispiel aus der Kommunalpolitik hervor.

Als Autor mathematischer Schriften ist Condorcet in erster Linie der Wahrscheinlichkeitsrechnung zuzuordnen. Dass er dabei kaum mit den vielen prominenten Wahrscheinlichkeitstheoretikern des 18. Jahrhunderts konkurrieren kann, ist nicht verwunderlich. Seine berühmten Zeitgenossen und deren direkte Vorgänger waren immerhin Thomas Bayes (1702–1761), Jakob Bernoulli (1654–1705), Leonhard Euler (1707–1783), Pierre de Fermat (1601–1665), Carl Friedrich Gauss (1777–1855), Pierre-Simon de Laplace (1749–1827), Abraham de Moivre (1667–1754), Blaise Pascal (1623–1662), Siméon Denis Poisson (1781–1840) und James Stirling (1692–1770) und andere. Condorcets mathematisches Hauptwerk behandelt die Wahrscheinlichkeit von Mehrheitsentscheidungen parlamentarischer Gremien („Essai sur l'application de l'analyse à la probabilité des décisions rendues à la pluralité des voix", par M. le Marquis de Condorcet, secrétaire perpétuel de l'Académie des sciences, de l'Académie Francoise, de l'Institut de Bologne, des Académies de Pétersburg, de Tourin, de Philadelphia et de Padoue; A Paris de l'Imprimerie Royale M.DCCLXXXV, 1785; Fotografischer Nachdruck durch Chelsea Publishing Company, New York 1972). In dieser Abhandlung wird auch über Condorcets bereits erwähnte Beteiligung an der Diskussion über die Terminologie der Wahrscheinlichkeitsrechnung berichtet. Die „zwei Deutungen" des Terminus Wahrscheinlichkeit werden als „probabilité de l'évènement" und „probabilité propre à chaque objet" sowie als „motif de croire les vérités que nous venons d'examiner" und „motif de croire d'après une probabilité calculée" wiedergegeben (S. VIII bis IX). Insgesamt erstreckt sich Condorcets Abhandlung über 495 Seiten; davon entfallen 191 Seiten auf die „einleitende Rede" („Discours préliminaire", S. I bis CXCI) und 304 Seiten auf fünf entscheidungstheoretische Kapitel („probabilité des décisions", S. 1 bis 304). Die Gliederung ist formal streng logisch aufgebaut; besonders auffällig ist, dass die Überschriften aller Kapitel und Unterkapitel überhaupt nichts über den Inhalt aussagen und dass es keine Literaturverweise gibt. In der „einleitenden Rede" kündigt Condorcet an, dass seine Ergebnisse durch „einfache Vernunft" begründet werden; da aber die Vernunft durch Trugschlüsse und Spitzfindigkeiten leicht zu verdunkeln sei, stützen sich die Ergebnisse in jedem Fall auf die Autorität eines mathematischen Beweises (S. II).

Das Thema der Wahrscheinlichkeit von Mehrheitsentscheidungen sei ausgewählt worden, weil es vorher von niemandem ausreichend behandelt worden ist (S. II). Die Rechtfertigung von (auch nicht-einstimmigen) Mehrheitsentscheidungen sei hier wörtlich wiedergegeben, um einen Eindruck von Condorcets Schreibstil zu vermitteln (S. II bis III, Übersetzung von mir): „Wenn die Gepflogenheit, alle Individuen dem Willen der größeren Anzahl zu unterwerfen, sich in den Gesellschaften etabliert hat, und wenn die Menschen übereingekommen sind, die Entscheidung der Mehrheit als gemeinsamen Willen aller zu betrachten, so machen sie sich diese Methode nicht als Mittel zu eigen, um den Irrtum zu vermeiden und sich nach den auf der Wahrheit beruhenden Entscheidungen zu richten: Sondern sie finden, dass es für das Wohl des Friedens und des allgemeinen Nutzens nötig ist, die Amtsgewalt dahin zu setzen, wo die Macht ist, und dass – da man sich von einem einzigen Willen führen lassen musste – der Wille der kleineren Anzahl sich natürlich dem der größeren Anzahl opfern muss." [Der von Condorcet verwendete Ausdruck „pluralité" müsste eigentlich mit „Vielheit" übersetzt und von „majorité" („Mehrheit") unterschieden werden. In deutsch-französischen Wörterbüchern wird für „Mehrheit" sowohl „pluralité" als auch „majorité" angegeben. Ich verwende hier grundsätzlich den geläufigeren Ausdruck „Mehrheit".] In den folgenden Ausführungen wird versucht, die Denk- und Sprachweise von Condorcets klassisch-französischem Stil des 18. Jahrhunderts so authentisch beizubehalten, dass die Verständlichkeit in modernem Deutsch gerade noch gewährleistet ist.

Wenn die Entscheidungen von einer Vertreterversammlung getroffen werden, müssen den Mitgliedern dieser Versammlung Regeln gegeben werden, die für die Güte ihrer Entscheidungen bürgen, damit die Entscheidungen der die Macht ausübenden Versammlung den wahren Interessen der Wähler entsprechen (S. IV). Bezüglich der Wahrscheinlichkeit von Entscheidungen gibt es nach Condorcet vier wesentliche Betrachtungsweisen zu erwägen (S. XVIII bis XIX):

1. Die Wahrscheinlichkeit, dass eine Versammlung nicht eine falsche Entscheidung treffen wird
2. Die Wahrscheinlichkeit, dass sie eine richtige Entscheidung treffen wird
3. Die Wahrscheinlichkeit, dass sie eine richtige oder falsche Entscheidung treffen wird

4. Die Wahrscheinlichkeit der Entscheidung, wenn man sie als getroffen annimmt, oder wenn man außerdem annimmt, dass man die Mehrheit kennt, durch die sie gebildet worden ist

Condorcet beschreibt in Beispielen die einzelnen Schritte des Entscheidungsprozesses. In einem Gerichtsverfahren haben die Geschworenen über die drei folgenden Meinungen zu beraten (S. L bis LI, 50 bis 51):

- Es ist bewiesen, dass ein gewisser Angeklagter schuldig ist.
- Es ist bewiesen, dass er unschuldig ist.
- Weder das eine noch das andere ist ausreichend bewiesen.

Daraus ergeben sich zwei sich gegenseitig widersprechende „Systeme" von „Anträgen":

Erstes System
(A) Es ist bewiesen, dass der Angeklagte schuldig ist.
(N) Es ist nicht bewiesen, dass der Angeklagte schuldig ist.

Zweites System
(a) Es ist bewiesen, dass der Angeklagte unschuldig ist.
(n) Es ist nicht bewiesen, dass der Angeklagte unschuldig ist.

Man erhält also vier „Kombinationen" von Anträgen:

1. Kombination A/a; aber diese beiden Anträge sind offensichtlich gegenseitig widersprüchlich, und folglich ist diese Kombination „ungereimt" und irrelevant.
2. Kombination A/n, wobei der Antrag n in dem Antrag A eingeschlossen ist; also beschränkt sich diese Kombination auf die Meinung, es sei bewiesen, dass der Angeklagte schuldig ist.
3. Kombination N/a, wobei der Antrag a den Antrag N einschließt; also ist es nach dieser Meinung bewiesen, dass der Angeklagte unschuldig ist.
4. Kombination N/n, woraus sich die Meinung ergibt, dass weder die Unschuld noch die Schuld des Angeklagten bewiesen ist.

Wenn man annimmt, dass die erstgenannte der drei mit den Meinungen korrespondierenden relevanten Kombinationen von 24 berufenen Geschworenen elf Stimmen, die zweitgenannte sieben Stimmen und die drittgenannte sechs Stimmen erhält, so gibt es elf Stimmen für den Antrag A, 7 + 6 = 13

Stimmen für den Antrag N, sieben Stimmen für den Antrag a und 11 + 6 = 17 Stimmen für den Antrag n. Demnach ist es die drittgenannte Meinung, die die Stimmenmehrheit erhält, obwohl es scheint, dass diese Meinung bei der Zählung nach der gewöhnlichen Weise nur von einer Minderheit vertreten wird.

In einem sehr ausführlich verbal (ohne Formeln) beschriebenen Beispiel stellt Condorcet den Fall einer Auswahl zwischen drei Kandidaten – genannt A, B und C – dar, der zu der als „Paradoxon" bezeichneten Situation führt (S. LVI bis VXX, 56–70). Wer seine Stimme für A abgibt, verkündet damit die beiden Anträge

A gilt mehr als B
A gilt mehr als C
Wer für B stimmt, verkündet die beiden Anträge
B gilt mehr als A
B gilt mehr als C
Wer für C stimmt, verkündet die beiden Anträge
C gilt mehr als A
C gilt mehr als B

Man erhält hier also drei Systeme von je zwei sich widersprechenden Anträgen:

Erstes System, Antrag A: A gilt mehr als B, Antrag N: B gilt mehr als A
Zweites System, Antrag a: A gilt mehr als C, Antrag n: C gilt mehr als A
Drittes System: Antrag α: B gilt mehr als C, Antrag ☐: C gilt mehr als B

Das ergibt acht mathematisch mögliche Kombinationen, gebildet aus jeweils drei Anträgen verschiedener Systeme:

Kombination Aaα mit A > B, A > C, B > C führt zu einem Wahlergebnis zugunsten von A.
Kombination Aa☐ mit A > B, A > C, C > B schließt ein weiteres Wahlergebnis zugunsten von A ein.
Kombination Anα mit A > B, C > A, B > C ist offensichtlich so beschaffen, dass sich stets eine in Widerspruch zu dieser Kombination stehende Schlussfolgerung ergibt, von welchen beiden der drei sie

49

bildenden Anträge man auch ausgeht („Paradoxon").

Kombination Anη mit A > B, C > A, C > B führt zu einem Wahlergebnis zugunsten von C.

Kombination Naα mit B > A, A > C, B > C führt zu einem Wahlergebnis zugunsten von B.

Kombination Naη mit B > A, A > C, C > B ist so beschaffen, dass sich stets eine in Widerspruch zu dieser Kombination stehende Schlussfolgerung ergibt, von welchen beiden der drei sie bildenden Anträge man auch ausgeht („Paradoxon").

Kombination Nnα mit B > A, C > A, B > C schließt ein weiteres Wahlergebnis zugunsten von B ein.

Kombination Nnη mit B > A, C > A, C > B führt zu einem Wahlergebnis zugunsten von C.

Man erhält also aus je zwei Kombinationen ein Wahlergebnis zugunsten von A, B oder C sowie aus zwei Kombinationen ein widersprüchliches und damit unbrauchbares Wahlergebnis. So betrachtet ist das bei gewöhnlichen Wahlen angewendete Verfahren mangelhaft. Allerdings beschränkt sich in der Praxis jeder Wähler darauf, den von ihm vorgezogenen Kandidaten zu benennen, ohne dabei seine Meinung zu den beiden anderen Kandidaten zu berücksichtigen. Aber gerade bei diesem Wahlverfahren kann sich eine Mehrheitsentscheidung ergeben, die unlogisch und nicht umsetzbar ist.

Condorcet gibt ein Zahlenbeispiel mit 60 Wählern (davon 23 zugunsten von A, 19 zugunsten von B und 18 zugunsten von C) an. Die A-Wähler haben einstimmig entschieden, dass C mehr gelte als B. Die B-Wähler haben entschieden, dass C für sie mehr gelte als A. Von den C-Wählern haben 16 entschieden, dass B mehr gelte als A. Für nur zwei C-Wähler gilt A mehr als B. Man hat also

(1) 19 + 16=35 Stimmen für den Antrag „B > A" und 23 + 2=25 Stimmen für den Antrag „A > B"

(2) 18 + 19=37 Stimmen für den Antrag „C > A" und 23 Stimmen für den Antrag „A > C"

(3) 18 + 23=41 Stimmen für den Antrag „C > B" und 19 Stimmen für den Antrag „B > C".

Nach den drei getrennt durchgeführten Abstimmungen ergibt sich aus den mehrheitlich gegen den jeweiligen Gegenantrag angenommenen Anträgen – also aus B > A, C > A und C > B – ein Wahlergebnis zugunsten von C. Die beiden zu dem Wahlergebnis von C führenden Einzelanträge haben Mehrheiten von 37 + 41=78 Stimmen gegen 23 + 19=42 Stimmen. Die beiden für B gestellten Anträge unterliegen mit 35 + 19=54 gegen 25 + 41=66 Stimmen. Die beiden für A gestellten Anträge unterliegen mit 25 + 23=48 gegen 35 + 37=72 Stimmen. Der Kandidat C erhält auf diese Weise die Voten der Mehrheit, obwohl er nach dem gewöhnlichen einfachen Wahlverfahren die wenigsten Stimmen bekommen hätte. Die Kandidaten A und B erhalten nach Saldierung der für sie abgegebenen (positiven) Stimmen gegen die (negativen) Gegenstimmen ein Ergebnis von 48 − 72= − 24 Stimmen für A bzw. von 54 − 66= − 12 Stimmen für B. Damit schneidet der Kandidat A am schlechtesten ab, obwohl er nach dem gewöhnlichen Verfahren die meisten Stimmen bekommen hätte.

Das allgemein angewendete Wahlverfahren muss danach als unzweckmäßig abgelehnt werden. Ein nach diesen Erkenntnissen verbessertes Wahlverfahren müsste vom Wähler verlangen, dass er nicht nur den von ihm favorisierten Kandidaten benennt, sondern alle Kandidaten nach seinem Willen platziert. Bei drei Kandidaten gebe es dann drei, bei vier Kandidaten sechs, bei fünf Kandidaten zehn mögliche Anträge und so weiter. Man hätte auf diese Weise ein Antragssystem, das bei drei Kandidaten aus acht möglichen Kombinationen, bei vier Kandidaten aus 64 Kombinationen, bei fünf Kandidaten aus 1024 Kombinationen gebildet worden wäre und so weiter. Wenn man nur die widerspruchsfreien Kombinationen einbezieht, gibt es bei drei Kandidaten sechs, bei vier Kandidaten 24, bei fünf Kandidaten 120 Möglichkeiten und so weiter. [Condorcets Abhandlung enthält hier einen Fehler. Da er die verwendete Formel nicht angibt, ist nicht zu unterscheiden, ob es sich um einen Schreib- oder einen Rechenfehler handelt. Die Anzahl der widerspruchsfreien Kombinationen bei k Kandidaten beträgt k! (also 3! = 6, 4! = 24, 5! = 120). Die Anzahl der Kombinationen insgesamt (einschließlich der widersprüchlichen) beträgt $(k-1)^k$ (also bei 3 Kandidaten 8, bei 4 Kandidaten 81 (nicht 64) und bei 5 Kandidaten 1024).]

Als Alternative des Zahlenbeispiels sei angenommen, die 23 Stimmen für A hätten sich mit dem Antrag B > C ergeben, der eine Mehrheit von 42 gegen 18 Stimmen hat, die 19 Stimmen für B mit dem Antrag C > A (17 Stimmen und zwei Gegenstimmen), der eine Mehrheit von 35 gegen 25 Stimmen hat, und die 18 Stimmen für C mit dem Antrag A > B (10 Stimmen und 8 Gegenstimmen), der eine Mehrheit von 33 gegen 17 Stimmen hat. Das System, das die Mehrheit erhält, wäre also aus den drei Anträgen A > B, C > A und B > C zusammengesetzt. Dies ist eine der beiden dargestellten widersprüchlichen Kombinationen. Das Ergebnis des Wahlverfahrens ist erstens ohne und zweitens mit Berücksichtigung der widersprüchlichen Kombinationen zu untersuchen. Unter den sechs tatsächlich möglichen (widerspruchsfreien) Systemen gibt es je zwei zugunsten von A, B und C. Im Beispiel mit 60 Wählern siegt der Kandidat C aufgrund der mehrheitlich angenommenen Anträge B > A/C > A/C > B. Nun führt das System A > B/C > A/C > B ebenfalls zu einem Ergebnis zugunsten von C. Hier stellt sich die Frage, ob die Wahlentscheidung zugunsten von C nur aus dem Grund erfolgt, weil das System der drei Anträge, die die Mehrheit haben, diese Wahlentscheidung einschließt, oder weil von den drei Ergebnissen, die die sechs Systeme jeweils paarweise ergeben, dasjenige zugunsten von C die größte Wahrscheinlichkeit hat. Diese Frage wäre wenig wichtig, wenn dieses Ergebnis – wie im Beispiel – immer dasselbe wäre; das ist aber nicht der Fall. Wenn man unterstellt, dass von den 23 Stimmen zugunsten von A 13 den Antrag C > B und 10 den Antrag B > C angenommen hätten (so dass es 19 Stimmen zugunsten von B gäbe), hätten 13 Stimmen den Antrag C > A und sechs Stimmen den Antrag A > C angenommen, so dass 18 Stimmen zugunsten von C den Antrag B > A angenommen hätten. Das aus dem Mehrheitsprinzip resultierende System würde dann aus den drei Anträgen B > A/ C > A/ C > B gebildet, wobei der erste Antrag eine Mehrheit von 37 gegen 23 Stimmen und die beiden anderen eine Mehrheit von 31 gegen 29 Stimmen hätten und dieses System eine Wahlentscheidung zugunsten von C einschließt. Die mit dieser Mehrheit zu der Entscheidung für C führenden Anträge C > A und C > B stehen dem mit einer Mehrheit von 37 gegen 23 Stimmen angenommenen Antrag B > A und dem mit einer Minderheit von 29 gegen 31 Stimmen versehenen Antrag B > C gegenüber. Nun kann die Erfolgswahrscheinlichkeit dieser zugunsten von B gestellten Anträge so groß sein, dass sie die Wahrscheinlichkeit der zugunsten von C gestellten Anträge übertrifft. Daraus scheint eine Entscheidung zugunsten von B zu resultieren, wogegen man eine Entscheidung zugunsten von C hat, wenn man sich an das System der drei Anträge mit der größten Wahrscheinlichkeit hält. Um aus diesem Dilemma herauszukommen, sind zwei Überlegungen zu beachten:

(1) Da A allein nicht die Mehrheit hat, muss zusätzlich zwischen B und C gewählt werden. Der Antrag B > C hat weniger Stimmen (19) als der Antrag C > B (41); also ist es plausibel, dass die Wahlentscheidung zugunsten von C ausgefallen ist.

(2) Der Befürworter von C hat Anlass zu glauben, dass C mehr gilt als A (beim Paarvergleich mit 37 mehr als die Hälfte der Stimmen) und auch mehr als B (beim Paarvergleich mit 41 mehr als die Hälfte der Stimmen); die endgültige Wahlentscheidung zugunsten von C ist damit gegeben. Im Gegensatz dazu würde der Befürworter von B eingestehen müssen, dass die Schlussfolgerungen aus den mit Mehrheit angenommenen Anträgen B > A (35 von 60 Stimmen) und C > A (37 Stimmen) dann (aber auch nur dann) zugunsten der Wahlentscheidung für B getroffen werden könnten, wenn der Antrag B > C die Stimmenmehrheit hätte. Tatsächlich hat dieser Antrag aber nur 19 gegen 41 Stimmen des Gegenantrags, so dass die Wahlentscheidung zugunsten von B ausscheidet.

Ein weiterer Aspekt der Rechnung zeigt, dass – wenn die Kombination „B > A, B > C" eine größere Wahrscheinlichkeit hat als die Kombination „C > A, C > B", obwohl die zuletzt genannte Kombination aus zwei Anträgen gebildet worden wäre, die die Mehrheit haben – dies einzig und allein gilt, weil man – wenn man den zweiten Antrag annehmen würde – sich mit dem Vorzug von C gegen A öfter irren würde als bei dem ersten Antrag mit dem Vorzug von B gegen A. Man wird also öfter Gefahr laufen, sich zu irren, indem man die Wahlentscheidung zugunsten von C statt zugunsten von B deutet, aber dies geschieht einzig und allein, weil man sich geirrt hat, indem man die Wahlentscheidung nicht mit dem Vorzug von A in Übereinstimmung bringt. Es ist also natürlich, C gegen B von dem Zeitpunkt an vorzuziehen, zu dem der Ausschluss von A stattfinden soll. Man muss die Wahlversammlungen durch Bestimmungen in der Weise bilden, dass die Situation einer widersprüchlichen Mehrheitsentscheidung nicht auftritt. Dies ist umso mehr notwendig, da von dem Zeitpunkt an, zu dem ein Antrag C > B die Mehrheit hat, der Antrag B > A nicht eine größere Mehrheit haben kann als der Antrag C > A, ohne eine Ungewissheit in den Meinungen anzuzeigen. Übrigens darf man in dem Fall einer derartigen Entscheidung die Wahl nicht als abgeschlossen betrachten und fordern, dass für eine Wahl von C die beiden Anträge C > A und C > B die größte Mehrheit haben, oder dass das System „C > A, C > B" eine Mehrheit von mehr als 50% hat. Um eine zweckmäßige Wahl zu gewährleisten, darf man das Wahlrecht nur sehr aufgeklärten Menschen anvertrauen, und wenn diese nicht zu haben sind, darf man als Kandidaten nur besonders fähige Menschen zulassen. Als von der Mehrheit der Wähler gewählt betrachtet man denjenigen Kandidaten, für den die beiden zu einer Wahlentscheidung führenden Anträge jeder für sich die Mehrheit haben. Übrigens kann der Fall einer zweideutigen Entscheidung nur dann vorkommen, wenn die aus dem Mehrheitsbeschluss resultierende Entscheidung eine Wahrscheinlichkeit von weniger als 71% hat, was eine sehr geringe Wahrscheinlichkeit für jeden einzelnen Wähler erfordert.

Wenn die drei Anträge mit der Mehrheit zu einem der beiden widersprüchlichen Systeme führen und man nicht auf die Entscheidung ganz verzichten kann, wird man diese nach den beiden Anträgen mit der größten Wahrscheinlichkeit treffen; denn beliebige zwei der drei Anträge führen jetzt zu einer dem dritten Antrag widersprechenden Entscheidung. Zum Beispiel erhält man aus dem aus den drei Anträgen A > B, C > A und B > C gebildeten System mit den beiden ersten Anträgen eine Wahlentscheidung zugunsten von C, mit dem ersten und dem dritten Antrag eine Entscheidung zugunsten von A und mit dem zweiten und dem dritten Antrag eine Entscheidung zugunsten von B. Wenn nun der Antrag B > C die geringste und der Antrag A > B die größte Wahrscheinlichkeit hat, so sind die beiden Anträge B > C und B > A jeder für sich weniger wahrscheinlich als die beiden Anträge A > B und A > C. B muss also ausgeschlossen werden, aber von A und C muss wegen der Mehrheit des Antrags C > A der Kandidat C vorgezogen werden. Wenn der Antrag C > A die größte Mehrheit hat, so ergibt sich aus allen Kombinationen, die paarweise aus den Anträgen C > A, C > B, B > C und B > A gebildet werden können, dass C vor B und C vor A vorgezogen werden muss, die Wahlentscheidung also zugunsten von C ausgeht.

Die widersprüchlichen Systeme kommen nicht zustande, wenn ein Kandidat mehr als die Hälfte der Stimmen hat oder wenn man zur Zulassung der Anträge jeweils eine Stimmenzahl von einem Drittel fordert. Man muss nacheinander alle Anträge in der Reihenfolge ihrer Stimmenzahl (beginnend mit der größten Zahl) annehmen, bis man zu einem Ergebnis gelangt, ohne Rücksicht auf die nachfolgenden weniger wahrscheinlichen Anträge zu nehmen. Wenn man auf diese Weise auch nicht das am wenigsten dem Irrtum unterworfene Ergebnis erhält – oder ein Ergebnis, dessen zwei zugrunde liegende Anträge eine größere Wahrscheinlichkeit haben als ihre gegensätzlichen Anträge und dessen Wahrscheinlichkeit oberhalb von 50 % liegt – , so erhält man wenigstens ein Ergebnis, das nicht dazu zwingt, die am wenigsten wahrscheinlichen Anträge anzunehmen, und aus dem eine geringere Ungerechtigkeit resultiert als bei der Abwägung zwischen jeweils zwei der drei Kandidaten.

Für das Zusammenführen der beiden bei jeder Entscheidung wesentlichen Vorgaben – der Wahrscheinlichkeit, überhaupt eine Entscheidung zu erhalten, und der Wahrscheinlichkeit, dass die erhaltene Entscheidung wahrheitsgemäß sei – ist es notwendig,

(1) im Fall der Entscheidungen über verwickelte Fragen zu bekräftigen, dass das System der einfachen Anträge, das diese bildet, unerbittlich streng ist, so dass jede mögliche Meinung gut dargelegt ist, und dass die Stimme jedes Wählers über jeden der Anträge, die diese Meinung bilden, und nicht nur über das Ergebnis hingenommen wird. Die Art und Weise, wie eine Frage zur Entscheidung beantragt wird, ist also sehr wichtig. Das Amtsgeschäft, diese Frage in die Tagesordnung einzubringen, ist eine der empfindlichsten und schwierigsten Aufgaben, die die für die Entscheidung verantwortliche Körperschaft oder diejenigen, die diese Körperschaft eingerichtet haben, jemandem anvertrauen können. Indessen wurde diese Aufgabe bei den „ALTEN" und selbst bei den „MODERNEN" [gemeint sind die antiken und die im 18. Jahrhundert aktuellen Verfechter der Demokratie] fast überall dem Zufall ausgesetzt oder als ein mit einem Ehrenamt verknüpftes Recht angesehen und nicht als eine Pflicht auferlegt, die Scharfsinn und Genauigkeit erfordert.

(2) Es ist darüber hinaus notwendig, dass die Wähler aufgeklärt sind, und zwar umso mehr, wie die Fragen, über die sie entscheiden, verwickelter sind. Anderenfalls wird man wohl zu einer Form der Entscheidung gelangen, die zwar vor der Furcht vor einer falschen Entscheidung bewahrt, aber gleichzeitig – indem sie jede Entscheidung fast unmöglich

macht – nichts anderes als ein Mittel ist, die Missbräuche und die schlechten Gesetze zu verewigen.

Condorcet resümiert (S. LXX, 70): „So ist die Form der Versammlungen, die über das Schicksal der Menschen entscheiden, für deren Glück wohl weniger wichtig als die Aufklärung derjenigen, aus denen sich diese Versammlungen zusammensetzen: Und die Fortschritte der Vernunft werden mehr zum Wohl der Völker beitragen als die Form der politischen Entscheidungen."

Disput der Erstautoren

Das 18. Jahrhundert war in den Geisteswissenschaften das Zeitalter der „Aufklärung", die vor allem in Frankreich populär wurde und radikale politische Auswirkungen hatte. Die französische Aufklärung ist mit den Namen Charles-Louis de Secondat Baron de Montesquieu (1689–1755), François-Marie Arouet de Voltaire (1694–1778), Jean-Jacques Rousseau (1712–1778) und anderen verbunden. Montesquieu befürwortete die Demokratisierungstendenz von der absoluten zur konstitutionellen Monarchie; Voltaire popularisierte und polemisierte mit scharfer Kritik gegen die bestehenden Machtverhältnisse und Rousseau lehrte die Herstellung der (angenommenen) Gleichheit und Freiheit aller Menschen. Vor diesem philosophischen Hintergrund ist das vorrangige Ziel der Einführung des demokratischen Rechtsstaates mit Mehrheitsentscheidungen eines gesetzgebenden Parlaments zu verstehen. Mit diesem Ziel ist die Unterwerfung der parlamentarischen Minderheit unter die Stimmenmehrheit gerechtfertigt; das heißt, der Wille der Mehrheit wird zum allgemeinen Willen. Die ersten Autoren, die sich aus gründlicher mathematischer Sicht ausführlich schriftlich mit dem Thema der Mehrheitsentscheidungen politischer Gremien befassten, waren – nach bis in das Mittelalter zurückreichenden sporadischen Versuchen und Andeutungen (McLean 1990) – Jean-Charles Chevalier de Borda und Marie Jean Antoine Nicolas Caritat Marquis de Condorcet. Borda war wie Condorcet studierter Mathematiker (O'Connor und Robertson o.J.). Beide werden aber nicht zu den mathematischen Koryphäen des 18. Jahrhunderts gerechnet. Während Condorcet in der umfassenden „Geschichte der Mathematik 1700 bis 1900" (Dieudonné 1985) wenigstens beiläufig erwähnt wird, kommt der Name Borda dort überhaupt nicht vor. Borda wurde am 4. Mai 1733 in Dax (Département Landes) in Frankreich geboren und starb am 20. Februar 1799 in Paris. Bereits im Alter von 23 Jahren wurde er aufgrund seiner ballistischen Untersuchungen als Mitglied in die Académie des Sciences aufgenommen. Nach seinem Eintritt in den Marinedienst bearbeitete er vor allem nautische, astronomische und hydraulische Themen auf wissenschaftlichem Niveau. Eher als Nebenbeschäftigung erarbeitete er ein Verfahren zur Wahl durch Mehrheitsbeschluss, das er am

16. Juni 1770 erstmalig in der Académie des Sciences als Diskussionspapier präsentierte und das vermutlich im Jahr 1784 gedruckt erschien. Heute ist diese Abhandlung (Borda 1784a) anscheinend nur noch aus der Sekundärliteratur als Übersetzung in englischer Sprache verfügbar (Grazia 1953, Sommerlad und McLean 1989, McLean und Hewitt 1994).

Condorcet rechtfertigte die Anwendung mathematischer Modelle in den Sozialwissenschaften (1785 S. I; Übersetzung von mir): „Ein berühmter Mann [gemeint ist Anne-Robert-Jacques Turgot Baron de l'Aulne], dessen Lehre, Beispiele und vor allem Freundschaft ich immer vermissen werde, war überzeugt, dass die Wahrheiten der geistigen und politischen Wissenschaften fähig zu derselben Sicherheit sind wie [die Wahrheiten] derjenigen [Wissenschaften], die das System der Naturwissenschaften bilden, und sogar wie die [Wahrheiten] der Wissenschaftszweige, die, wie die Astronomie, den Anschein haben, sich der mathematischen Sicherheit zu nähern." Condorcet nahm es hin, dass Bordas Papier ein Jahr früher als seine eigene sehr viel umfangreichere Abhandlung erschien, und kommentierte die – angeblich von ihm selbst veranlasste – frühere Veröffentlichung seines Konkurrenten (Condorcet 1785b). Er nannte Borda einen „berühmten Mathematiker", von dessen Arbeit er gehört habe; aber er habe nicht gewusst, dass – außer von ihm selbst – irgendetwas über das Thema Mehrheitsentscheidungen geschrieben worden wäre. Andererseits halte er Bordas Untersuchungsergebnisse für sehr wichtig (Condorcet 1784) und erkannte an, dass damit dieses Thema erstmalig in die Öffentlichkeit getragen wurde. Condorcet schrieb danach noch mehrere Stellungnahmen zu Bordas Ausführungen. Im Lauf der Zeit wurden seine Artikel gegen Bordas Arbeit immer kritischer bis hin zur Feindseligkeit (Condorcet 1788 S. 145; Übersetzung von mir): „Diese neue Methode [Borda-Regel] ist nicht nur nicht besser als die herkömmliche [Pluralität], sie ist tatsächlich schlechter. Wenigstens ist es nach der herkömmlichen Methode nur eine Möglichkeit, dass das Ergebnis falsch war und dass wir gegen den wahren Willen der Pluralität handeln würden. Mit der neuen Methode können wir sicher sein, dass das Ergebnis falsch war und wir in Übereinstimmung mit vollkommen irrigen Ergebnissen handeln müssen." Condorcet bezog sich schließlich auf Borda als jemanden, der die Mathematik für geringwertige angewandte Wissenschaft aufgegeben habe (Baker 1975 S. 42) und auf Schriftstücken geschrieben habe, was niemals jemand gesprochen habe oder sprechen wird (McLean

1995 S. 15). Young (1975) sieht diese Kommentare als ein gewisses Ausmaß einer persönlichen Gehässigkeit. Borda hatte die Genugtuung, dass seine von Condorcet so heftig kritisierte Methode von der Académie des Sciences bei der Auswahl neuer Akademiemitglieder angewendet wurde. Bis in die Gegenwart hat Bordas Methode Bedeutung bei hochschulinternen Wahlen im Zusammenhang mit Lehrstuhlbesetzungen. Die Attacken gegen Borda mögen mit Condorcets ausgeprägtem Selbstbewusstsein zusammen hängen, das er bereits bei seinem ersten Auftritt in der Académie des Sciences gezeigt hatte. In diesem Sinn ist auch der lateinische Leitspruch auf der Titelseite seines „Essai sur l'application ..." zu verstehen. Dieser Spruch ist ein Zitat aus dem vollendeten Meisterwerk „Metamorphoses" (Verwandlungssagen) des antiken römischen Dichters Publius Ovidius Naso (Ovid) und bedeutet (freie Übersetzung von mir): „Selbst wenn die Mühe vergeblich sein mag, wird doch wenigstens der Mut Lob verdienen; bei großen Vorhaben genügt es auch, den Willen gehabt zu haben." Diese Überzeugung war ein Selbstschutz gegen jeden Misserfolg und jede Kritik.

Der hauptsächliche Gegensatz zwischen Borda und Condorcet besteht darin, dass Condorcet die Pluralitätsregel („Siegregel") und Borda die Majoritätsregel („Platzregel") favorisiert, aber beide diese Verfahren nicht konsequent voneinander unterscheiden. Während Condorcets Methode nur die laufende Auszählung der für jeden Kandidaten abgegebenen Stimmen erfordert, müssen für Bordas Methode die vollständigen Präferenzordnungen jedes Wählers erfasst werden. Bei Borda werden alle individuellen Präferenzordnungen als gleichwertig angesehen und behandelt. Nach Condorcet dürfen Fälle von Intransität in den individuellen Präferenzen nicht zugelassen, sondern müssen herausgerechnet („discounted") werden; dazu muss ein Abstimmungsverfahren eingeführt werden, das solche Absurditäten unmöglich macht. Dies wird erreicht, indem die Abstimmung so einfach wie möglich gestaltet wird, also sich am besten auf Ja-Nein-Entscheidungen beschränkt (Condorcet 1788a S. 156). Dem Vorwurf, dass Bordas Methode nicht nur viel arbeits- und zeitaufwändiger, sondern auch viel empfindlicher für strategische Manipulation (gezielte Verfälschung der eigenen Präferenzordnung, um an anderer Stelle Vorteile für eine bestimmte Position heraus zu pokern) sei, wird von Borda mit der lapidaren Feststellung begegnet, seine Wahlmethode sei eben nur für ehrliche Menschen bestimmt. An dem Disput über Bordas und Condorcets Methoden beteiligten sich auch die

Zeitgenossen Pierre-Simon de Laplace (1795) und Pierre Claude François Daunou (1803). Dabei wird zugunsten von Borda die Gleichwertigkeit aller Stimmen betont und zu Lasten von Borda darauf hingewiesen, dass dessen Methode das Problem des Paradoxons nicht in jedem Fall lösen kann. Viel heftiger fällt die spätere negative Kritik von Todhunter (1865 S. 352, Übersetzung von mir) an Condorcet aus: „Wir glauben, dass diese [d.h. Condorcets] Arbeit sehr wenig studiert worden ist, denn wir haben keine Erkenntnis der abstoßenden Eigentümlichkeiten wahrgenommen, durch die sie [d.h. die Arbeit] so unerwünscht gekennzeichnet ist." Wenn unplausibel erscheinende Ergebnisse nicht erklärt werden können, gibt Condorcet den bemerkenswerten Rat, sich lieber auf „einfache Vernunft" und auf die tatsächliche Stimmenauszählung als auf berechnete Wahrscheinlichkeiten zu verlassen (Condorcet 1785 S. 76).

Aus anderer Quelle wird überraschend berichtet, dass Borda und Condorcet während ihres ganzen Lebens enge Freunde blieben (Black 1958 S. 179). Als Condorcet im Gefängnis seine vermutete Hinrichtung als Opfer des Terrorregimes der Jakobiner erwartete, soll Borda bei dem – wenn auch vergeblichen – Versuch, Condorcet zu helfen, sein eigenes Leben riskiert haben (McLean 1995). Der wissenschaftliche Streit zwischen den Positionen von Condorcet und Borda hat sich bis in die Gegenwart fortgesetzt (siehe Gehrlein 2006 S. 23).

Variabilität des wissenschaftlichen Interesses am Thema

Die mathematische Untersuchung der Rationalität von Entscheidungen aufgrund demokratischer Abstimmungen war nicht immer und ist nicht überall ein Betätigungsfeld, das bemerkenswerte wissenschaftliche Aufmerksamkeit erlangt hat. Die mathematischen Anforderungen dieses Arbeitsgebietes haben meistens einen eher geringen Schwierigkeitsgrad und sind daher für anspruchsvolle Mathematiker wenig reizvoll. Für manche Sozialwissenschaftler ist die Vorstellung gewöhnungsbedürftig, man könne die Entscheidung von Wählern oder Mitgliedern parlamentarischer Gremien, die doch einen freien Willen haben, in einer mathematischen Formel festzurren. Dabei ist Mathematik nichts Weiteres als eine spezielle – besonders präzise und zuverlässige – Formalisierung des für jede Wissenschaft unentbehrlichen logischen Denkens.

Die Entwicklung der systematischen Analyse von Mehrheitsbeschlüssen seit ihren Anfängen im 18. Jahrhundert bis in das 21. Jahrhundert wird sehr ausführlich von Gehrlein (2006) dargestellt. Diese Dokumentation enthält einen umfangreichen bibliographischen Anhang, der insgesamt 482 Titel umfasst. Die Aufgliederung dieser Literaturliste nach verschiedenen Gesichtspunkten liefert einigen Aufschluss über die regionalen und die temporalen Schwerpunkte des wissenschaftlichen Interesses. Von den 482 Titeln sind …

… 452 in englischer Sprache verfasst, 15 aus einer anderen Sprache ins Englische übersetzt und 15 in der nichtenglischen Originalsprache belassen.

… 399 nach den bei ihnen untersuchten Daten oder nach ihrem Verlagsort auf die USA, 36 auf die englischsprachigen Länder außerhalb der USA und 47 auf nichtenglische Länder ausgerichtet.

… 172 in den Jahren ab 1990, 280 von 1950 bis vor 1990, 11 von 1900 bis vor 1950 und 19 vor 1900 erschienen.

[Diese Zahlen sind nur als Größenordnung zu verstehen, da die eindeutige Zuordnung zu den hier unterschiedenen Kategorien nach den verfügbaren Informationen nicht immer möglich ist.] Die schriftliche Diskussion findet so gut wie vollständig in englischer Sprache statt. Dabei mag neben der Tatsache, dass Englisch die weltweit dominierende Sprache der Wissenschaft geworden ist, auch die Unlust insbesondere der US-amerikanischen Wissenschaftler gegen das Erlernen einer Fremdsprache eine Rolle spielen. Von den 15 ins Englische übersetzten Quellen stammen allein 10 aus französischsprachigen Papieren des Marquis de Condorcet. Obwohl dessen Ausarbeitungen zu verschiedenen Detailfragen in seinem gedruckten Buch von 1785 („Essai sur l'application ...") zusammengefasst wurden – von dem sogar seit 1972 eine in einem amerikanischen Verlag herausgegebene Faksimile-Ausgabe existiert –, verwendet Gehrlein offensichtlich nicht den dort leicht zugänglichen französischen Originaltext, sondern nur die von Sommerlad und McLean (1989 und 1991) herausgegebene Sammlung englischsprachiger Übersetzungen. Dagegen sollte eine gründliche wissenschaftliche Analyse nach Möglichkeit immer auf die Urtexte zurückgehen. Um die Tücken von Übersetzungen zu demonstrieren, haben anlässlich des 50-jährigen Bestehens der Heinrich-Heine-Universität Düsseldorf Studenten des Studiengangs „Literaturübersetzungen" berühmte Heine-Zitate ins Englische, Französische und Spanische übersetzt und danach von Computern über Google zurückübersetzen lassen („Wenn Google an Heine scheitert", 50 Jahre HHU, Düsseldorf 2015, S. 24). Die Ergebnisse waren teilweise recht kurios.

Auch nach dem Ort der untersuchten Daten bzw. nach dem Verlagsort dominieren die den USA zugeordneten Titel bei Weitem. Unter den 36 einem Ort im englischen Sprachraum außerhalb der USA zugeordneten Titeln befinden sich 14 in Oxford gedruckte Papiere aus der Sammlung von Sommerlad und McLean (1989 und 1991). Nach der zeitlichen Gliederung entfallen 14 der 19 vor dem Jahr 1900 eingeordneten Titel auf die Sammlung von Sommerlad und McLean. Diese ältesten Schriften beziehen sich im Wesentlichen auf das 18. Jahrhundert, als die neu aufkommenden Fragen von Demokratie und Rationalität vor allem unter den französischen Intellektuellen heftig diskutiert wurden, dann aber im Verlauf des 19. Jahrhunderts abgesehen von eher beiläufigen Versuchen weitgehend zu den Akten gelegt wurden. „Condorcet's attempt to demonstrate potential applications of the calculus of probabilities to social affairs led him into a work that was for many years condemned as a monumental blind alley" (Baker 1975 S. 383). Das Thema der paradoxen Mehrheitsentscheidungen wurde aber nicht vollständig totgeschwiegen, sondern immerhin von einigen international renommierten Mathematikprofessoren als ein Unterpunkt im Rahmen ihres breiten Lehr- und Forschungsprogramms angesprochen. Zu nennen sind hier vor allem Charles Lutwidge Dodgson (Pseudonym Lewis Carroll, 1832 bis 1898, posthum erschienene Nachdrucke 1993 bis 2010; siehe dazu auch Duncan Black 1958b) und Edward John Nanson (1882). Nach langer Abstinenz befasste sich die Wissenschaft erst um die Mitte des 20. Jahrhunderts wieder näher mit dem Thema, dann allerdings mit sehr großer Intensität. Aus Gehrleins Bibliografie ergibt sich im Durchschnitt je Jahr für den Zeitraum ab 1950 bis vor 1990 eine Zahl von 6,8 Artikeln, für den Zeitraum von 1990 bis einschließlich 2006 sogar eine Zahl von 10,1 Artikeln. Gehrlein kann daher im Jahr 2006 in seinem resümierenden Buch feststellen (Preface): „Condorcet's Paradox has been formally studied by an amazing number of people in many different contexts." „Recent social scientists have been inclined to regard the 'Essai sur l'application …'as one of the classic works in the history of mathematical social science" (Baker 1975 S. 383). Der Aufschwung in der Behandlung dieses Themas steht in engem Zusammenhang mit der Entwicklung der „Wohlfahrtsökonomik" (welfare economics) und der „Sozialwahltheorie" (Duncan Black 1948, 1958a und ohne Jahr; Anthony Downs 1957 und 1959), deren formale Darstellung und Herleitung durch Kenneth J. Arrow (1951 und 1963) mit dem Nobelpreis für Wirtschaftswissenschaft honoriert wurde.

Pluralität und Majorität

Der zentrale Begriff in Condorcets Abhandlung „Essai sur l'application de l'analyse à la probabilité des décisions rendues à la pluralité des voix" ist „pluralité"; eine genaue Abgrenzung zur „majorité" erschien damals noch nicht notwendig. Erst nachfolgende – englischsprachige – Autoren bis in die Gegenwart unterscheiden bei der mathematischen Darstellung zwischen „plurality" und „majority". In englischen Wörterverzeichnissen wird „the majority of ..." als „the greater number of ..." oder „part of ..." und „plurality" als „state of being plural", „large number" oder einfach „majority" definiert (Hornby, A.S.: „Oxford advanced learner's dictionary of current English"; Oxford University Press, Oxford 1974). Ein älteres deutsches Verzeichnis gibt für „Majorität" die Bedeutung „die Mehrheit der Stimmen", „Stimmenmehrheit" oder „das Stimmenmehr" und für „Pluralität" die Bedeutung „Mehrheit", „Stimmenmehrheit" oder „die meisten Stimmen" an. („Dr. Joh. Christ. Aug. Heyses allgemeines verdeutschendes und erklärendes Fremdwörterbuch; Hahnsche Buchhandlung, Hannover 1922). In den Spezialausgaben des DUDEN zur Bedeutung und zur Herkunft von Wörtern wird „Majorität" mit „Mehrheit (bei einer Abstimmung)" erläutert (DUDEN Bedeutungswörterbuch; Bibliographisches Institut Mannheim/Wien/Zürich 1970) und als parlamentarischer Terminus für „Stimmenmehrheit" verwendet (DUDEN Das Herkunftswörterbuch – Etymologie der deutschen Sprache 4. Auflage; Dudenverlag Mannheim-Zürich 2007); zusätzlich wird darauf hingewiesen, dass Majorität erst im 18. Jahrhundert mit gleicher Bedeutung aus dem französischen majorité übernommen wurde und dort eine Relatinisierung aus dem lateinischen maioritas (zurückgehend auf „maior" gleich „größer", „stärker" oder „bedeutender") darstellt. Das Wort „Pluralität" wird dagegen weder im Bedeutungswörterbuch noch im Herkunftswörterbuch der deutschen Sprache erwähnt. In dem allgemeinen Wörterbuch der deutschen Sprache wird „Pluralität" als „Mehrheit" oder „Vielfältigkeit" neben „Majorität" als „Stimmenmehrheit" bezeichnet (DUDEN Die deutsche Rechtschreibung 24. Auflage; Dudenverlag Mannheim/Leipzig/Wien/Zürich 2006). Neuere Fremdwörterbücher übersetzen Majorität mit „Mehrheit", „Stimmenmehrheit" oder „Mehrzahl" und Pluralität mit „Vielzahl" oder „Mannigfaltigkeit" („Das Neue Fremdwörterbuch"

1. Auflage; Lingen-Verlag Köln ohne Jahresangabe). Zumindest die zuletzt genannte Übersetzung ist abwegig; denn mit „Mannigfaltigkeit" wird bereits ein wohl definiertes Phänomen der sogenannten mathematischen Katastrophentheorie bezeichnet, die nichts mit der Theorie der Wahlentscheidungen zu tun hat (Saunders 1986, Gerß 2008 S. 25). Aber auch die anderen Bezeichnungen sind zur eindeutigen Unterscheidung der Begriffe Pluralität und Majorität nicht brauchbar. Vielmehr muss deutlich werden, dass man bei einer Wahlentscheidung über mehrere Kandidaten oder mehrere verschiedene Alternativen bei den möglichen Paarvergleichen nach der Pluralitätsregel nur die Erstplatzierungen, dagegen nach der Majoritätsregel alle Platzierungen berücksichtigt. Nach einem Bild aus den den Pferderennsport begleitenden Wetten verwende ich daher hier zusätzlich die anschaulichen Bezeichnungen „Siegregel" für Pluralitätsregel und „Platzregel" für Majoritätsregel.

Die genaue Unterscheidung von Begriffen wie Pluralität und Majorität ist unverzichtbar. Die Wichtigkeit der unmissverständlichen Begriffsdefinition für die Beurteilung, ob eine Entscheidung tatsächlich paradox ist oder aufgrund einer unpräzisen Fragestellung nur so erscheint, wurde in einer Fernsehsendung in den USA – später auch in Deutschland – einem großen Publikum durch das sogenannte „Ziegenproblem" demonstriert (v. Randow 1992). In einer Spielschau im Fernsehen soll ein „Kandidat" (hier besser bezeichnet als „Wähler") eine von drei verschlossenen Türen (Nr. 1, Nr. 2, Nr. 3) auswählen. Hinter einer Tür wartet der Preis (ein Auto), hinter den beiden anderen Türen stehen Ziegen (als in den USA empfundenes Symbol des Misserfolgs). Eine Tür – zum Beispiel Nr. 1 – wird ausgewählt, bleibt aber vorerst geschlossen. Der Moderator weiß, hinter welcher Tür sich das Auto befindet. Mit den Worten „Ich zeige Ihnen etwas" öffnet er eine beim ersten Zug nicht gewählte Tür – zum Beispiel Nr. 3 – und eine meckernde Ziege schaut ins Publikum. Er fragt: „Bleiben Sie bei Nr. 1, oder wählen Sie Nr. 2?" Man hat im zweiten Zug zwischen zwei Türen zu unterscheiden und weiß, dass hinter einer dieser Türen der Gewinn steht. Also – meint das Publikum – bleibt es sich doch gleich, welche der beiden Türen im zweiten Zug gewählt wird. An dieser Stelle der Fernsehsendung tritt die angebliche „Weltmeisterin des Intelligenzquotienten" auf und verkündet ohne weitere Begründung, dass das Publikum falsch liege und die Tür Nr. 2 die bessere Chance habe. Diese erstaunliche Antwort soll offensichtlich das Publikum zur Bewunderung der Intelligenzleistung der Weltmeisterin animieren, ist aber nur bei zweideutiger Fragestellung bemerkenswert. Die eindeutige Lösung des Problems ergibt sich bereits aus der klassischen Wahrscheinlichkeitsrechnung (Laplace 1812) und sei hier kurz angedeutet.

B = Ereignis „Der Spieler gewinnt nach dem zweiten Zug"
A = Ereignis „Ergebnis des ersten Zuges" mit den Ausprägungen a_1 („richtig beim ersten Zug") und a_2 („falsch beim ersten Zug")

Die „bedingte Wahrscheinlichkeit"

$$P(B|A) = \frac{B(AB)}{P(A)} = \frac{P(A) \cdot P(B)}{P(A)}$$

ist die Wahrscheinlichkeit für „Gewinn", wenn A (entweder mit der Ausprägung a_1 oder der Ausprägung a_2) eingetreten ist.

$$P(a_1) = \frac{1}{3} \qquad P(a_2) = \frac{2}{3}$$

„Satz der totalen Wahrscheinlichkeit":

$$P(B) = P(B \mid a_1) \cdot P(a_1) + P(B \mid a_2) \cdot P(a_2)$$

Strategie „Tür beibehalten":

$$P(B \mid a_1) = \frac{\frac{1}{3} \cdot 1}{\frac{1}{3}} = 1 \qquad P(B \mid a_2) = \frac{\frac{2}{3} \cdot 0}{\frac{2}{3}} = 0$$

$$\Rightarrow P(B) = 1 \cdot \frac{1}{3} + 0 \cdot \frac{2}{3} = \frac{1}{3}$$

Strategie „Tür wechseln":

$$P(B \mid a_1) = \frac{\frac{1}{3} \cdot 0}{\frac{1}{3}} = 0 \qquad P(B \mid a_2) = \frac{\frac{2}{3} \cdot 1}{\frac{2}{3}} = 1$$

$$\Rightarrow P(B) = 0 \cdot \frac{1}{3} + 1 \cdot \frac{2}{3} = \frac{2}{3}$$

Wegen $\frac{2}{3} > \frac{1}{3}$ ist die Strategie „Tür wechseln" die günstigere Entscheidung, so wie es die Weltmeisterin behauptet hat.

Mathematische Formulierung des Phänomens

Außer durch den „barocken" Schreibstil wird die Lesbarkeit von Condorcets Abhandlung auch dadurch erschwert, dass einerseits die Ausführungen mit überflüssigen Wiederholungen und Abschweifungen belastet sind und andererseits hilfreiche Erläuterungen zu einzelnen mathematischen Operationen fehlen. Condorcets Arbeit wurde daher im 19. Jahrhundert geradezu vernichtend kritisiert (Todhunter 1865 S. 352; Übersetzung von mir): „Wir müssen feststellen, dass Condorcets Arbeit äußerst schwierig ist, aber die Schwierigkeit liegt nicht an den mathematischen Untersuchungen, sondern an den Ausdrücken, die benutzt werden, um diese Untersuchungen einzuführen und ihre Ergebnisse zu ermitteln; es ist in vielen Fällen fast unmöglich zu entdecken, was Condorcet meint: Die Verdunkelung und die Widersprüche sind ohne Parallele." Die Kritik wird bis in die Gegenwart fortgesetzt: „The reason for the failure of the mathematicians [to understand the „Essai sur l'application ..."] was that Condorcet's theory seemed to belong to one branch of mathematics and really belonged to another" (Black 1958 S. 162). „Condorcet dealt with profound paradoxes which disturbed almost nobody, because almost nobody understood them" (McLean und Hewitt 1994 S. VII). Die folgende Darstellung soll die Anwendung der mathematischen Instrumente vollständig demonstrieren, ohne redundant zu sein. Die meisten mathematischen Symbole wurden aus der den Themenbereich der kollektiven politischen Entscheidungen umfassend und detailliert behandelnden Dokumentation „Condorcet's Paradoxon" von Professor William V. Gehrlein (University of Delaware, Newark, USA) übernommen (Gehrlein 2006). Das Verzeichnis der alphabetischen Symbole und der Sonderzeichen befindet sich im Anhang.

In der zur Veranschaulichung dargestellten Situation stehen drei Kandidaten (A, B, C) zur Wahl durch ein mehrköpfiges Gremium mit individuellen Präferenzen, nach denen es 3! = 6 mögliche Rangfolgen gibt. Die Präferenzen sind „vollständig", wenn für alle Paare von Kandidaten und jeden Wähler die Rangfolge in der Wählergunst bekannt ist. Die Präferenzen sind „transitiv" , wenn sowohl A > B und B > C als auch A > C gilt. Die Präferenzen sind „zyklisch", wenn A > B und B > C, aber C > A gilt.

Bei vollständigen und transitiven individuellen Präferenzen liegen „lineare Präferenzordnungen" vor. Transitivität ist bei individuellen Präferenzen normalerweise eine notwendige Bedingung für die Rationalität der Entscheidungen (obwohl taktische Intransitivität aus der Sicht eines einzelnen Wählers auch zielgerichtet und „vernünftig" erscheinen kann). Gewählt wird derjenige Kandidat, der entweder die meisten Stimmen (Pluralitätsregel; relative Mehrheit) oder mehr als die Hälfte der Stimmen (Majoritätsregel; absolute Mehrheit) erhält. Bei der Wahl gibt jeder Wähler entweder nur seinen favorisierten Kandidaten (Condorcet-Regel bzw. „Siegregel") oder die von ihm gewünschte Rangfolge aller Kandidaten (Borda-Regel bzw. „Platzregel") an. Bei der Stimmenauszählung kann – nach der Pluralitäts- oder der Majoritätsregel – für jedes Kandidatenpaar ermittelt werden, welcher Kandidat welchen anderen Kandidaten nach der Anzahl der für ihn abgegebenen Stimmen „schlägt". Der aus dieser Zusammenfassung aller möglichen Kandidatenpaare nach der Majoritätsregel hervorgehende Sieger wird als „Condorcet-Gewinner" – der Verlierer dementsprechend als „Condorcet-Verlierer" – bezeichnet. Borda (1784) verwendet zur Klärung von Begriffen das folgende – hier auszugsweise wiedergegebene – Beispiel mit 21 Wählern:

$$
\begin{array}{cccc}
A & A & B & C \\
B & C & C & B \\
C & B & A & A \\
n_1 = 1 & n_2 = 7 & n_5 = 7 & n_6 = 6
\end{array}
$$

Nach der paarweisen Pluralitätsregel ergibt sich Kandidat A als Gewinner einer linearen Rangordnung:

$$
\left.\begin{array}{l}
APB\left[(n_1 + n_2) - n_5\right] = APB(8-7) \\
APC\left[(n_1 + n_2) - n_6\right] = APC(8-6) \\
BPC\left[(n_5 - n_6)\right] \quad = BPC(7-6)
\end{array}\right\} \Rightarrow APBPC
$$

[APB lies: A übertrifft B nach der Pluralitätsregel; APBPC lies: A übertrifft B und B übertrifft gleichzeitig C nach der Pluralitätsregel; und so weiter]

Dagegen ergibt sich nach der paarweisen Majoritätsregel eine ebenfalls lineare Rangordnung, aber nun ist A der Verlierer:

$$BMA\left[(n_5+n_6)-(n_1+n_2)\right]=BMA(13-8)$$
$$CMA\left[(n_5+n_6)-(n_1+n_2)\right]=CMA(13-8)\Bigg\}\Rightarrow CMBMA$$
$$CMB\left[(n_2+n_6)-(n_1+n_5)\right]=CMB(13-8)$$

[BMA lies: B übertrifft A nach der Majoritätsregel; CMBMA lies: C übertrifft B und B übertrifft gleichzeitig A nach der Majoritätsregel; und so weiter]

Die durch den Wechsel von der Pluralitätsregel auf die Majoritätsregel bewirkte totale Umkehrung der kollektiven Rangordnung wird als „Strenges Borda-Paradoxon" bezeichnet. Dagegen wird der Fall, in dem der Verlierer nach der Majoritätsregel zum Gewinner nach der Pluralitätsregel wird, ohne dass eine vollständige Umkehrung der kollektiven Rangordnung eintritt, als „Starkes Borda-Paradoxon" bezeichnet. Wenn AMC, BMC und entweder CPB oder CPA gilt, liegt ein „Schwaches Borda-Paradoxon" vor. Aus der statistischen Analyse empirischer Wahlergebnisse ist als Resümee zu ziehen (Gehrlein 2006 S. 9, Übersetzung von mir): „Die allgemeine Schlussfolgerung ist, dass die analysierten Wahlergebnisse zahlreiche Diskrepanzen zwischen Pluralitäts- und Majoritäts-Rangordnungen aufweisen, aber sie zeigen selten ein Strenges Borda-Paradoxon. Alle diese Ergebnisse führen zu dem Schluss, dass Bordas Paradoxon in seinen verschiedenen Formen existieren kann, obwohl es kein regelmäßig beobachtetes Phänomen sein mag."

Das Problem des Borda-Paradoxons wird durch die „Borda-Regel" gelöst. Danach stellt jeder Wähler zunächst seine persönliche Rangordnung der Kandidaten auf und ordnet dann dem von ihm am stärksten bevorzugten Kandidaten der insgesamt m Kandidaten a + (m-1)b Bewertungspunkte, dem an zweiter Stelle bevorzugten Kandidaten a + (m-2)b Punkte zu und so weiter. Der am wenigsten gewünschte Kandidat erhält a + (m-m)b = a Punkte. Borda schlägt vor, grundsätzlich a=b=1 zu setzen, so dass der am wenigsten gewünschte Kandidat einen Punkt und der am stärksten bevorzugte Kandidat m Punkte erhält. Die Borda-Regel wird so zu einem Spezialfall von Condorcets „gewichteter Bewertungsregel" mit $\lambda = 2$ (Nach Condorcet werden im Folgenden bei m = 3 Kandidaten beliebig variable Bewertungspunkte $1 \leq \lambda \leq 3$ verwendet). Für Bordas o.a. Beispiel – vervollständigt um alle weiteren möglichen Rangordnungen –

$$\begin{array}{cccccc} A & A & B & C & B & C \\ B & C & A & A & C & B \\ C & B & C & B & A & A \\ n_1 & n_2 & n_3 & n_4 & n_5 & n_6 \end{array}$$

ergeben sich nach der Borda-Regel die folgenden Bewertungspunkte:

für Kandidat A: $3(n_1 + n_2) + 2(n_3 + n_4) + 1(n_5 + n_6)$
für Kandidat B: $3(n_3 + n_5) + 2(n_1 + n_6) + 1(n_2 + n_4)$
für Kandidat C: $3(n_4 + n_6) + 2(n_2 + n_5) + 1(n_1 + n_3)$

In dem Beispiel der Entscheidung des neunköpfigen Gemeinderats über drei Kategorien der Flächennutzung (siehe Kapitel „Fiktives realistisches Beispiel aus der Kommunalpolitik")

$$\begin{array}{cccccc} N & N & L & L & B & B \\ B & L & B & N & L & N \\ L & B & N & B & N & L \\ n_1=2 & n_2=2 & n_3=1 & n_4=1 & n_5=3 & n_6=0 \end{array}$$

[N=Naturschutz; L=Landwirtschaft; B=Bebauung]

betragen die Borda-Punkte:

für Naturschutz: $3(2 + 2) + 2(1 + 0) + 1(1 + 3) = 18$
für Landwirtschaft: $3(1 + 1) + 2(2 + 3) + 1(2 + 0) = 18$
für Bebauung: $3(3 + 0) + 2(2 + 1) + 1(2 + 1) = 18$

Danach ist keine Entscheidung möglich. In diesem Beispiel beträgt die Gesamtzahl der von jedem Ratsmitglied vergebenen Punkte

$$\frac{m(m+1)}{2} = 6$$

die Gesamtzahl der von allen Mitgliedern zusammen vergebenen Punkte

$$\frac{nm(m+1)}{2} = 54$$

und die Anzahl der auf eine Flächennutzungskategorie durchschnittlich entfallenden Punkte

$$\frac{n(m+1)}{2} = 18$$

Wenn eine Kategorie zum „Condorcet-Gewinner" erklärt werden sollte, müsste sie bei ungerader Anzahl der Ratsmitglieder von $\frac{n+1}{2} = 5$ Mitgliedern am stärksten bevorzugt und von $\frac{n-1}{2} = 4$ Mitgliedern am wenigsten bevorzugt werden. Der Condorcet-Gewinner müsste

$$m\left(\frac{n+1}{2}\right) + \left(\frac{n-1}{2}\right) = \frac{n(m+1)+(m-1)}{2} = 19$$ Bewertungspunkte erhalten, was aber von keiner Nutzungskategorie erreicht wird. Der Wert von λ kann variieren, muss aber bestimmte Grenzen in Abhängigkeit von der Anzahl der Ratsmitglieder einhalten. Für ungerade n gilt:

$$n \geq 5 \text{ sowie } \frac{2n-4}{n-1} \leq \lambda \leq \frac{2n}{n-1} \Rightarrow 1{,}75 \leq \lambda \leq 2{,}25$$

Demnach ist die Festsetzung $\lambda = 2$ in der Borda-Regel zulässig. Für gerade n gilt:

$$n \geq 8 \text{ sowie } \frac{2n-8}{n-2} \leq \lambda \leq \frac{2n}{n-2}$$

Auf Laplace (1795) geht die Erweiterung der Borda-Regel auf mehr als drei Kandidaten C zurück. Jeder Wähler Nr. i ordnet jedem Kandidaten Nr. j eine Anzahl t von Bewertungspunkten zu, wobei für jeden Wähler insgesamt nur höchstens z Punkte zur Verfügung stehen. Alle Werte t liegen im Intervall [0, z] und sind voneinander unabhängig. Jeder Wähler hat eine individuelle – nicht notwendigerweise einheitliche – lineare Präferenzordnung wie zum Beispiel $c_1 > c_2 ... > c_m$ mit $t_1 > t_2 ... > t_m$. Alle denkbaren Kombinationen von t_j^i sind für jeden Wähler mit gleicher Wahrscheinlichkeit zu beachten. Als Gesamtzahl der Kombinationen ergibt sich:

$$V\left(t_j^i\right) = \int_{t_1^i=0}^{z} \int_{t_2^i=0}^{t_1^i} \int_{t_3^i=0}^{t_2^i} \cdots \int_{t_m^i=0}^{t_{m-1}^i} dt_m^i \, dt_{m-1}^i \cdots dt_3^i \, dt_2^i \, dt_1^i = \frac{z^m}{m!}$$

Anmerkung: [Das von Laplace generell verwendete Integralzeichen wird in neuerer Schreibweise auf stetige Variablen beschränkt und in dem hier gegebenen Fall diskreter Variablen durch das Summenzeichen ersetzt.]

Als gewichtete Gesamtsumme für einen gegebenen j-ten Wert der t^i_j ergibt sich:

$$V^*\left(t^i_j\right) = \int_{t^i_1=0}^{z} \int_{t^i_2=0}^{t^i_1} \int_{t^i_3=0}^{t^i_2} \cdots \int_{t^i_m=0}^{t^i_{m-1}} t^i_j \, dt^i_m \, dt^i_{m-1} \cdots dt^i_3 dt^i_2 \, dt^i_1 = \frac{z^{m+1}(m-j+1)}{(m+1)!}$$

Der Erwartungswert der t^i_j ist E $(t^i_j) = \dfrac{V^*\left(t^i_j\right)}{V\left(t^i_j\right)} = \dfrac{z(m-j+1)}{(m+1)!}$

Als Gewicht in einer Bewertungsregel wird von Borda a = b = $\dfrac{z}{m+1}$ vorgeschlagen. Ein von der Borda-Regel nicht zu lösendes Problem besteht im Fall des bewusst „irrationalen" Verhaltens der Wähler (strategic manipulation). Im Übrigen hat sich der bevorzugte Gebrauch der Borda-Regel in zahlreichen Untersuchungen bewährt. Die Untersuchungen zeigen, „that there are positive characteristics of Borda Rule that make it unique among all voting rules" (Gehrlein S. 16).

Condorcet verwendet zur Veranschaulichung ein Beispiel mit drei Kandidaten und n = 60 Wählern:

A	C	B	C	
C	A	C	B	
B	B	A	A	n = 60
$n_2 = 23$	$n_4 = 2$	$n_5 = 19$	$n_6 = 16$	

Aus A=23, B=19 und C=18 folgt nach der Pluralitätsregel APBPC $\Rightarrow$ APC*
Dagegen gilt nach der Majoritätsregel:

CMA [(2 + 19 + 16)–23] = CMA (14)
CMB [(23 + 2 + 16)–19] = CMB (22)
BMA [(19 + 16)–(23 + 2)]= BMA (10) $\Rightarrow$ CMBMA $\Rightarrow$ CMA**

Der Widerspruch zwischen den Ergebnissen * und ** deckt einen Fall des „Strengen Borda-Paradoxons" auf.

Condorcet verwendet noch ein zweites Beispiel zur Anwendung der Majoritätsregel:

A	B	B	C	C	
B	A	C	A	B	
C	C	A	B	A	n = 60
$n_1 = 23$	$n_3 = 2$	$n_4 = 17$	$n_5 = 10$	$n_6 = 8$	

AMB [(23 + 10)–(2 + 17 + 8)] =AMB (6)
BMC [(23 + 2 + 17)–(10 + 8)]=BMC (24)
CMA [(17 + 10 + 8)–(23 + 2)]=CMA(10)

$\Rightarrow$ BMCMAMB

[BMCMAMB lies: Nach der Majoritätsregel dominiert B über C, C über A und A über B und so weiter]

Dieses in sich widersprüchliche Ergebnis ist zyklisch und damit ein Fall des eigentlichen „Condorcet-Paradoxons". Allgemein liegt ein zyklisches System vor, wenn zum Beispiel gilt:

(A > B und B > C) $\Rightarrow$ A > C, aber tatsächlich C > A $\Rightarrow$ A > B > C > A > B und so weiter ohne Ende.

In einem weiteren von Condorcet selbst konstruierten Beispiel wird die Ermittlung des Condorcet-Gewinners nach der Majoritätsregel untersucht:

A	A	B	C	B	C	
B	C	A	A	C	B	
C	B	C	B	A	A	$n = 81$
$n_1 = 30$	$n_2 = 1$	$n_3 = 29$	$n_4 = 10$	$n_5 = 10$	$n_6 = 1$	

$\Rightarrow$ AMB[(30 + 1 + 10)–(29 + 10 + 1)] = AMB(+ 1)

$\Rightarrow$ AMC[(30 + 1 + 29)–(10 + 10 + 1)] = AMC(+ 39)

$\Rightarrow$ **PMRW=A**

[PMRW = A lies: A ist der Gewinner nach der paarweisen Majoritätsregel]

Nach der Borda-Regel mit a=b=1 ergibt sich:

(Punkte für A)= 3(30 + 1) + 2(29 + 10) + 1(10 + 1)=182
(Punkte für B)= 3(29 + 10) + 2(30 + 1) + 1(1 + 10)=190 $\Rightarrow$ **B > A**

Die beiden fettgedruckten Ergebnisse widersprechen einander; das heißt, dass die Borda-Regel nicht immer den wahren Gewinner ermitteln kann.

Nach der allgemeinen gewichteten Bewertungsregel ergibt sich mit den Gewichten 3, λ und 1:

(Punkte für A)=3(31) + λ (39) + 1(11)= 104 + 35 λ
(Punkte für B)=3(39) + λ (31) + 1(11)= 128 + 31 λ

Wenn danach A als der wahre Gewinner bestimmt werden soll, muss gelten:
(Punkte für A) > (Punkte für B)

$$104 + 39\lambda > 128 + 31\lambda$$
$$8\lambda > 24$$
$$\lambda > 3$$

Da aber $\lambda \leq 3$ definiert ist, kann keine gewichtete Majoritätsregel (einschließlich der speziellen Borda-Regel) zu dem wahren Ergebnis PMRW=A (oder überhaupt zu einem Ergebnis PMRW) führen. Dies ist eine alternative Form des Condorcet-Paradoxons.

Auch das folgende Beispiel geht auf Condorcet selbst zurück:

A	*A*	*B*	*C*	*B*	*C*	
B	*C*	*A*	*A*	*C*	*B*	
C	*B*	*C*	*B*	*A*	*A*	n = 30
$n_1=9$	$n_2=3$	$n_3=4$	$n_4=4$	$n_5=6$	$n_6=4$	

Nach der paarweisen Majoritätsregel gilt:

AMB[(9 + 3 + 4)–(4 + 6 + 4)]=AMB(+ 2)
AMC[(9 + 3 + 4)–(4 + 6 + 4)]=AMC(+ 2)

$$\Rightarrow PMRW = A$$

Die Borda-Regel mit a=b=1 liefert (im Gegensatz zur Pluralitätsregel):

(Punkte für A)=3(9 + 3) + 2(4 + 4) + 1(6 + 4)=62 gegen 9 + 3=12
(Punkte für B)=3(4 + 6) + 2(9 + 4) + 1(3 + 4)=63 gegen 4 + 6=10
(Punkte für C)=3(4 + 4) + 2(3 + 6) + 1(9 + 4)=55 gegen 4 + 4=8

Also weist nur die Pluralitätsregel A als den wahren Gewinner aus; die Borda-Regel schafft das hier nicht.

Ein alternativer Ansatz wird von Saari (1995) verfolgt. Für drei rational handelnde Wähler liegen die linearen Präferenzordnungen vor:

Wähler 1: A > B, B > C, A > C
Wähler 2: B > C, C > A, B > A
Wähler 3: C > A, A > B, C > B

Die paarweise Majoritätsregel ergibt AMB (2–1), BMC (2–1) und CMA (2–1), also A > B und B > C, aber nicht A > C, sondern C > A; das heißt, das

Ergebnis ist ein Fall von Condorcets Paradoxon. Dasselbe Ergebnis liefert die paarweise Majoritätsregel für drei „irrational" handelnde Wähler mit vollständigen, aber intransitiven Präferenzordnungen:

$$\left.\begin{array}{l}Wähler1: A > B, B > C, C > A \\ Wähler2: A > B, B > C, C > A \\ Wähler3: B > A, A > C, C > B\end{array}\right\} \Rightarrow PMR: AMB(2-1), BMC(2-1), CMA(2-1)$$

[PMR lies: paarweise Majoritätsregel]

Saari (1995 S. 48) schließt daraus, die PMR-Prozedur habe „an inability to distinguish between transitive and intransitive preferences"; das heißt, die Betonung der Transitivität der einzelnen Wähler ist sinnlos, da die PMR darauf nicht reagiert.

Brams et al. (1998) beschreiben eine Wahl, bei der ein Gremium mehrheitlich über einzelne alternative Vorschläge in aufeinander folgenden Abstimmungen jeweils eine ja/nein-Entscheidung trifft. Bei drei Vorschlägen (A, B, C) gibt es $(3-1)^3=8$ Möglichkeiten der Aufeinanderfolge von ja/nein-Entscheidungen. Diese Möglichkeiten werden zum Beispiel von den 13 Mitgliedern des Gremiums wie folgt wahrgenommen:

Nr.des Tripels	1	2	3	4	5	6	7	8
A	ja	ja	ja	nein	ja	nein	nein	nein
B	ja	ja	nein	ja	nein	ja	nein	nein
C	ja	nein	ja	ja	nein	nein	ja	nein
Anzahl der Mitglieder	3	1	1	0	1	3	3	1

Nach der Majoritätsregel ergibt sich:

Für A: (nein) M (ja) = [(0 + 3 + 3 + 1)–(3 + 1 + 1 + 1)] = (nein) M (ja) (7–6)
Für B: (ja) M (nein) = [(3 + 1 + 0 + 3)–(1 + 1 + 3 + 1)] = (ja) M (nein) (7–6)
Für C: (ja) M (nein) = [(3 + 1 + 0 + 3)–(1 + 1 + 3 + 1)] = (ja) M (nein) (7–6)

Da die Entscheidung (ja) > (nein) von zwei möglichen Wahlergebnissen (für B und C), die Entscheidung (nein) > (ja) dagegen nur von einem möglichen Wahlergebnis (für A) gestützt wird, werden B und C akzeptiert und A zurückgewiesen. Die siegreiche Beschlussfolge „A nein / B ja / C ja" wird aber von keinem einzigen Wähler vertreten. Damit liegt hier ein Fall des „Paradoxons mehrfacher Abstimmungen" (Paradox of Multiple Choice) vor.

Brams und Fishburn (1983) untersuchen eine Wahl, bei der von 21 Wählern über drei Kandidaten in zwei aufeinander folgenden Wahlgängen entschieden wird:

A	A	B	C	B	C	
B	C	A	A	C	B	
C	B	C	B	A	A	n = 21
$n_1=3$	$n_2=5$	$n_3=5$	$n_4=2$	$n_5=3$	$n_6=3$	

Nach den Ergebnissen des ersten Wahlgangs

A > (B oder C): (3 + 5) oder (5 + 2) = 8 + 7 = 15
B > (A oder C): (3 + 5) oder (3 + 3) = 8 + 6 = 14
C > (A oder B): (5 + 2) oder (3 + 3) = 7 + 6 = 13

scheidet C mit der geringsten Stimmenzahl aus, so dass im zweiten Wahlgang nur noch über A und B zu entscheiden ist:

$$\left. \begin{array}{l} AMB(3+5+2) = AMB(10) \\ BMA(5+3+3) = BMA(11) \end{array} \right\} \Rightarrow B \text{ ist der Gesamtsieger}$$

In einer Modifikation dieses Beispiels nehmen zwei Wähler mit der individuellen Präferenzordnung A > B > C an der Wahl nicht teil, also wird n_1 = 1 und n=19; alles andere bleibt unverändert. Nach dem Ergebnis des ersten Wahlgangs

A > (B oder C): (1 + 5) oder (5 + 2) = 6 + 7 = 13
B > (A oder C): (1 + 5) oder (3 + 3) = 6 + 6 = 12
C > (A oder B): (5 + 2) oder (3 + 3) = 7 + 6 = 13

scheidet nun B mit der geringsten Stimmenzahl aus. Der zweite Wahlgang über A und C ergibt:

$$\left. \begin{array}{l} AMC(1+5+5) = AMC(11) \\ CMA(2+3+3) = CMA(8) \end{array} \right\} \Rightarrow A \text{ ist der Gesamtsieger}$$

Die beiden Nicht-Wähler erreichen also, dass ihr bevorzugter Kandidat A nun tatsächlich der Sieger wird. Dies ist ein Fall des „No-Show-Paradoxons".

Wahrscheinlichkeit paradoxer Entscheidungen

In vielen empirischen Studien wurde untersucht, ob Condorcets Paradoxon in realen Wahlen auftritt. Offensichtlich ist dieses Phänomen nicht weit verbreitet, kommt aber in bestimmten Fällen durchaus vor. Typische Beobachtungen des Phänomens ergeben sich vor allem bei einer großen Anzahl von zur Wahl stehenden Kandidaten, aber gelegentlich auch schon bei drei Kandidaten. Condorcet gibt vor (1793, S. 7): „After considering the facts we still need to determine their probability." Bei Condorcets „Jury-Theorem" entscheiden n Juroren über ein Statement. Zur Wahl stehen die Alternative A (Glaube, dass das Statement wahr ist) und B (Glaube, dass das Statement falsch ist). Ein Juror trifft mit der Wahrscheinlichkeit P die richtige und mit der Wahrscheinlichkeit 1-P die falsche Entscheidung, wobei angenommen wird, dass P bei allen Juroren gleich ist. Von den Juroren halten h die Entscheidung für richtig und stimmen für A, während n-h die Entscheidung für falsch halten und für B stimmen. Die bedingte Wahrscheinlichkeit, dass h Juroren für A stimmen, wenn die Wahrheit des Statements gegeben ist, beträgt nach der Binomialverteilung

$$P(h \mid A) = \frac{n!}{h!(n-h)!} p^h (1-p)^{n-h} \quad \text{Analog gilt:} \quad P(h \mid B) = \frac{n!}{h!(n-h)!} p^{n-h} (1-p)^h$$

[Anmerkung: Gehrlein (2006) definiert P und p nicht exakt unterschiedlich.]
Angenommen wird für die unbedingten Wahrscheinlichkeiten

$$P(A) = P(B) = \frac{1}{2}$$

Die Wahrscheinlichkeit, dass von den n Juroren h für A stimmen, beträgt:

$$P(h) = P(h \mid A) P(A) + P(h \mid B) P(B) = \frac{n!}{2h!(n-h)!} \left[p^h (1-p)^{n-h} + p^{n-h} (1-p)^h \right]$$

Als bedingte Wahrscheinlichkeit, dass das Statement wahr ist, wenn h Juroren für A stimmen, ergibt sich nach dem Satz von Bayes (Fisz 1989):

$$P(A \mid h) = \frac{P(h/A) P(A)}{P(h)} = \frac{p^h (1-p)^{n-h}}{p^h (1-p)^{n-h} + p^{n-h} (1-p)^h}$$

$$h \geq \frac{n}{2} \Rightarrow P(A \mid h) = \frac{p^{2h-n}}{p^{2h-n} + (1-p)^{2h-n}} = \frac{1}{1+X} \quad \text{mit} \quad X = \left(\frac{1-p}{p}\right)^{2h-n}$$

Man kann demnach die Wahrscheinlichkeit, dass eine Jury aus n Mitgliedern die richtige Entscheidung trifft, vergrößern, indem man entweder die Wahrscheinlichkeit, dass die einzelnen Juroren in ihren Annahmen richtig liegen, oder die für eine Entscheidung notwendige Stimmenzahl h vergrößert. (Condorcets Jury-Theorem).

Die folgenden Ausführungen – nach Young (1988) – behandeln die Erweiterung der paarweisen Majoritätsregel auf das Drei-Kandidaten-Problem. „Condorcet's analysis of this problem is nearly unintelligible, with written comments that do not watch numerical examples" (Gehrlein 2006 S. 61). Gegeben seien die paarweisen Präferenzen für 60 Wähler:

$$\left. \begin{array}{l} A > B \ (23) \, oder \, B > A \ (37) \\ A > C \ (29) \ oder \, C > A \ (31) \\ B > C \ (29) \, oder \, C > B (31) \end{array} \right\} \Rightarrow PMRW = C \quad \text{(in Klammern: Anzahl der Wähler)}$$

Mit diesem Wahlergebnis ist C der Gewinner nach der wahren gesellschaftlichen Präferenz, da sowohl CSA als auch CSB gilt [CSA lies: C übertrifft A nach der wahren gesellschaftlichen (S) Präferenz und so weiter]. C „schlägt" sowohl A als auch B mit 31 gegen 29 Stimmen, das heißt, die Differenzen C-A und C-B sind positiv. Wenn CSA gilt, dann haben 31 von den 60 Wählern korrekt und die verbleibenden 29 Wähler unkorrekt abgestimmt:

$$P(C-A \mid CSA) = \frac{60!}{31!29!} p^{31}(1-p)^{29}$$

Wenn dagegen ASC gelten würde, so hätten 31 von den 60 Wählern unkorrekt und 29 Wähler korrekt abgestimmt:

$$P(C-A \mid ASC) = \frac{60!}{31!29!} p^{29}(1-p)^{31}$$

Mit der Annahme $P(ASC) = P(CSA) = \frac{1}{2}$

folgt $P(C-A) = P(C-A \mid ASC) \cdot P(ASC) + P(C-A \mid CSA) \cdot P(CSA)$

$$P(C-A) = \frac{60!}{31!29!} \left[\frac{p^{31}(1-p)^{29}}{2} + \frac{p^{29}(1-p)^{31}}{2} \right]$$

und nach dem Satz von Bayes bei einem bestimmten Wahlergebnis „Vote":

$$P(\text{CSA} \mid \text{Vote}) = \frac{P(C-A/CSA) \cdot P(CSA)}{P(C-A)} = \frac{p^{31}(1-p)^{29}}{p^{31}(1-p)^{29} + p^{29}(1-p)^{31}}$$

Analog gilt $P(\text{CSB} \mid \text{Vote}) = \dfrac{p^{31}(1-p)^{29}}{p^{31}(1-p)^{29} + p^{29}(1-p)^{31}}$

und unter der Annahme der stochastischen Unabhängigkeit von CSA und CSB

$$P(C \mid \text{Vote}) = P(\text{CSA} \mid \text{Vote}) \cdot P(\text{CSB} \mid \text{Vote}) = \left[\frac{p^{31}(1-p)^{29}}{p^{31}(1-p)^{29} + p^{29}(1-p)^{31}}\right]^2$$

$$= \left[\frac{p^2}{p^2 + (1-p)^2}\right]^2$$

Entsprechend gilt: $P(B \mid \text{Vote}) = \dfrac{p^{14}(1-p)^2}{\left\{p^{14} + (1-p)^{14}\right\}\left\{(1-p)^2 + p^2\right\}}$

$$P(A \mid \text{Vote}) = \frac{(1-p)^{14}(1-p)^2}{\left\{p^{14} + (1-p)^{14}\right\}\left\{(1-p)^2 + p^2\right\}}$$

Zum Vergleich der drei zuletzt genannten Formeln sei der Fall betrachtet, dass p um einen beliebigen Betrag ε größer als $\frac{1}{2}$ ist: $p = \frac{1}{2} + \varepsilon$ für $\varepsilon > 0$

Bei einem kleinen Wert von ε und Vernachlässigung aller Potenzen ε^i mit $i > 1$ ergibt sich:

$P(C \mid \text{Vote}) = \dfrac{1+8\varepsilon}{4}$ $\qquad P(B \mid \text{Vote}) = \dfrac{1+24\varepsilon}{4}$ $\qquad P(A \mid \text{Vote}) = \dfrac{1-32\varepsilon}{4}$

In diesem Beispiel ist demnach $P(B \mid \text{Vote}) > P(A \mid \text{Vote})$ und $P(C \mid \text{Vote})$. Die maximale Wahrscheinlichkeit, dass ein Kandidat der wahre Gewinner PMRW ist, spricht für B, obwohl nach den gegebenen paarweisen Präferenzen C gesiegt hat.

Angenommen, von m Kandidaten sei A der Gewinner. Es gibt nach der paarweisen Majoritätsregel zu den verbleibenden Kandidaten $\dfrac{(m-1)(m-2)}{2}$ Paarvergleiche und für jeden dieser Vergleich zwei Ergebnisse. Dann ist die Gesamtzahl der sozialen Beziehungen, in denen einer der Kandidaten der PMRW über die verbleibenden Kandidaten ist, gegeben durch

$$m2^{\frac{(m-1)(m-2)}{2}}$$

Die Gesamtzahl der möglichen sozialen Ergebnisse nach PMR über alle m Kandidaten ist gegeben durch

$$2^{\frac{(m)(m-1)}{2}}$$

Die Wahrscheinlichkeit, dass ein PMRW existiert, ist dann das Verhältnis

$$\frac{m2^{\frac{(m-1)(m-2)}{2}}}{2^{\frac{(m)(m-1)}{2}}} = \frac{m}{2^{m-1}}$$

Die Wahrscheinlichkeit, dass ein PMRW existiert, wenn die soziale Beziehung vollständig transitive PMR-Beziehungen hat, beträgt

$$\frac{m!}{2^{\frac{m(m-1)}{2}}}$$

Ausgehend von dem allgemeinen vollständigen Schema der Präferenzordnungen für drei Kandidaten

A	A	B	C	B	C
B	C	A	A	C	B
C	B	C	B	A	A
n_1	n_2	n_3	n_4	n_5	n_6

soll die Wahrscheinlichkeit P^S_{PMRW} (m,n,IAC) ermittelt werden, dass unter m Kandidaten nach dem Konzept der „Impartial Anonymous Culture" (IAC) (Kuga und Nagatani 1974) ein „Strenger (S) PMRW" existiert. Mit IAC wird unterstellt, dass für eine bestimmte Anzahl von Wählern alle möglichen Wahlsituationen mit gleicher Wahrscheinlichkeit zu beobachten sind (Gehrlein und Fishburn 1976). Das Konzept ist „anonym", weil nur die Beträge der n_i, aber nicht die Präferenzen der einzelnen Wähler bekannt sein müssen. IAC liefert für alle möglichen Wahlergebnisse ein Gleichgewicht der erwarteten Präferenzen der Kandidatenpaare. Dieses Gleichgewicht ergibt sich bei der Aufteilung der Gesamtheit der möglichen Wahlergebnisse in Paare. Um in einer Abteilung ein Paar von Wahlergebnissen zu bilden, wird jedes Wahlergebnis demjenigen angepasst, bei dem die Rangfolge ausgetauscht ist: $n_1 \leftrightarrow n_6 \quad n_2 \leftrightarrow n_5 \quad n_3 \leftrightarrow n_4$

Diese Umformung vergleicht jedes Wahlergebnis mit seinem Doppelergebnis, in dem die lineare Präferenzordnung für jeden Wähler umgekehrt ist. Auf diese Weise wird für jeweils zwei Kandidaten A und B die Anzahl der Wähler mit A > B in einem der Wahlergebnisse gleich der Anzahl der Wähler mit B > A in dem angepassten Wahlergebnis. Aus der Gleichwahrscheinlichkeit der beiden Wahlergebnisse nach IAC ergibt sich ein erwartetes Gleichgewicht zwischen der Anzahl der Wähler mit A > B und mit B > A innerhalb des Paares der Wahlergebnisse. Diese Feststellung gilt für alle Paare von Wahlergebnissen in der Teilmenge, da alle Wahlergebnisse gleich wahrscheinlich sind.

Der Fall $n_1 = n_6 \mid n_2 = n_5 \mid n_3 = n_4$ bedeutet den Austausch der Rangordnungen des Wahlergebnisses mit sich selbst. In diesem Fall wird die Differenz zwischen der Anzahl der Rangfolgen mit A > B und B > A nicht über ein Paar gleichwahrscheinlicher Wahlergebnisse, sondern innerhalb dieses einzelnen Wahlergebnisses selbst aufgehoben.

Um zum Beispiel A als Strengen PMRW zu ermitteln, sind die allgemeinen Restriktionen der n_i in einer Wahlsituation

$$n_3 + n_5 + n_6 \leq \frac{n-1}{2} \Rightarrow AMB \quad \text{und} \quad n_3 + n_5 + n_6 \leq \frac{n-1}{2} \Rightarrow AMC$$

Die Restriktionen der einzelnen n_i sind

$$0 \leq n_6 \leq \frac{n-1}{2} \qquad \qquad = (a)$$

$$0 \leq n_5 \leq \frac{n-1}{2} - n_6 \qquad \qquad = (b)$$

$$0 \leq n_4 \leq \frac{n-1}{2} - n_6 - n_5 \qquad \qquad = (c)$$

$$0 \leq n_3 \leq \frac{n-1}{2} - n_6 - n_5 \qquad \qquad = (d)$$

$$0 \leq n_2 \leq n - n_6 - n_5 - n_4 - n_3 \qquad \qquad = (e)$$

$$n_1 = n - n_6 - n_5 - n_4 - n_3 - n_2$$

In den folgenden Summen sind (a) bis (e) die oberen Summationsindizes bei ungeradem n; bei geradem n ist der Ausdruck $\frac{n-1}{2}$ jeweils durch $\frac{n}{2}$ zu ersetzen. Die Anzahl der die Restriktionen der n_i enthaltenden und zu A als PMRW führenden Wahlsituationen beträgt bei ungeradem n

$$N_{PMRW}^{\{A\}}(m=3,n,IAC)$$

$$= \sum_{n_6=0}^{(a)} \sum_{n_5=0}^{(b)} \sum_{n_4=0}^{(c)} \sum_{n_3=0}^{(d)} \sum_{n_2=0}^{(e)} 1 = \sum_{n_6=0}^{(a)} \sum_{n_5=0}^{(b)} \sum_{n_4=0}^{(c)} \sum_{n_3=0}^{(d)} [(n-n_6-n_5-n_4+1)-n_3]$$

$$= \sum_{n_6=0}^{(a)} \sum_{n_5=0}^{(b)} \sum_{n_4=0}^{(c)} [(n-n_6-n_5-n_4+1)\left(\frac{n+1}{2}-n_6-n_5\right)$$

$$-\frac{1}{2}\left(\frac{n-1}{2}-n_6-n_5\right)\left(\frac{n+1}{2}-n_6-n_5\right)]$$

Die Gesamtzahl der möglichen Wahlsituationen beträgt (ausgehend von Feller 1957)

$$K(m=3,n,IAC)$$

$$= \sum_{n_6=0}^{n} \sum_{n_5=0}^{n-n_6} \sum_{n_4=0}^{n-n_6-n_5} \sum_{n_3=0}^{n-n_6-n_5-n_4} \sum_{n_2=0}^{n-n_6-n_5-n_4-n_3} 1 = \frac{\prod_{i=1}^{5}(n+i)}{120}$$

Bei geradem n wird

$$N_{PMRW}^{\{A\}}(3,n,IAC) = \sum_{n_6=0}^{(a)} \sum_{n_5=0}^{(b)} \sum_{n_4=0}^{(c)} \sum_{n_3=0}^{(d)} \sum_{n_2=0}^{(e)} 1$$

$$\Rightarrow P_{PMRW}^{\#1}(3,n,IAC) = \frac{N_{PMRW}^{\{A\}}(3,n,IAC)}{K(3,n,IAC)}$$

$P_{PMRW}^{\{x\}}(m,n,IAC)$ ist die Wahrscheinlichkeit, dass eine gegebene Menge $\{x\}$ von Kandidaten in der Menge der PMRW eingeschlossen ist.

$P_{PMRW}^{\#j}(m,n,IAC)$ ist der Wert von $P_{PMRW}^{\{x\}}(m,n,IAC)$, wenn die Kardinalzahl der spezifizierten $\{x\}$ gleich j ist.

$$P^{\#1}_{PMRW}(m,n,IAC) = \frac{P^{S}_{PMRW}(3,n,IAC)}{3}$$ ist die Wahrscheinlichkeit, dass der gegebene Wert $j = 1$ ein Strenger PMRW ist.

Für ungerades n gilt

$$P^{W}_{PMRW}(3,n,IAC) = 3 \cdot P^{\#1}_{PMRW}(3,n,IAC) = P^{S}_{PMRW}(3,n,IAC)$$

Für gerades n gilt

$$P^{W}_{PMRW}(3,n,IAC) = 3 \cdot P^{\#1}_{PMRW}(3,n,IAC) - 3 \cdot P^{\#2}_{PMRW}(3,n,IAC) + P^{\#3}_{PMRW}(3,n,IAC)$$

Für IAC gelten die folgenden Theoreme:

1) $P^{S}_{PMRW}(3,n,IAC) > P^{S}_{PMRW}(3,n+2, IAC)$ für alle ungeraden $n \geq 1$
2) $P^{S}_{PMRW}(3,n,IAC) < P^{S}_{PMRW}(3,n+2,IAC)$ für alle geraden $n \geq 2$
3) $P^{S}_{PMRW}(3,n,IAC) = 3P^{\#1}_{PMRW}(3,n, IAC) = P^{W}_{PMRW}(3,n,IAC)$ für alle ungeraden $n \geq 1$
4) $P^{\#1}_{PMRW}(3,n,IAC) > P^{\#1}_{PMRW}(3,n+2, IAC)$ für alle geraden $n \geq 2$
5) $P^{W}_{PMRW}(3,n,IAC) > P^{W}_{PMRW}(3,n+2, IAC)$ für alle geraden $n \geq 2$

Anders als IAC verlangt das alternative Konzept der „Maximal Culture Condition" (MC) nicht, dass die Anzahl der Wähler eine feste Größe ist (Fishburn und Gehrlein 1977). Auch hier wird wie bei IAC jedes Wahlergebnis als gleichwahrscheinlich betrachtet. MC setzt eine positive ganze Zahl L fest, so dass das zugehörige n_i für jede lineare Präferenzordnung mit gleicher Wahrscheinlichkeit einen ganzzahligen Wert im Intervall [0,L] hat. Bei drei Kandidaten gibt es insgesamt $(L + 1)^6$ mögliche Wahlsituationen, die mit gleicher Wahrscheinlichkeit zu beobachten sind. Der Erwartungswert der Gesamtzahl der Wähler in einer Wahlsituation beträgt $E(n) = 6\left(\frac{L}{2}\right) = 3L$.

Der Kandidat A ist nun ein Strenger PMRW nach MC bei gerader Anzahl von Wählern in einer Wahlsituation und wird hier als A^* bezeichnet. Die zu A^* führenden Restriktionen der n_i sind:

$$0 \leq n_3 \leq L \qquad 0 \leq n_4 \leq L \qquad 0 \leq n_1 \leq L$$

$$Max\left\{\begin{array}{c}0\\n_4 - n_3 - n_1 + 1\\n_3 - n_4 - n_1 + 1\end{array}\right\} \leq n_2 \leq L \qquad 0 \leq n_5 \leq Min\left\{\begin{array}{c}L\\n_1 + n_2 + n_3 - n_4 - 1\\n_1 + n_2 + n_4 - n_3 - 1\end{array}\right\}$$

$$0 \leq n_6 \leq Min\left\{\begin{array}{l} L \\ n_1 + n_2 + n_3 - n_4 - n_5 - 1 \\ n_1 + n_2 + n_4 - n_3 - n_5 - 1 \end{array}\right\}$$

Die Restriktionen der n_i für eine in $N_{PMRW}^{\{A^*\}}(3,L,MC)$ einzuschließende Wahlsituation werden durch Hinzufügung der Restriktion $n_4 > n_3$ wie folgt reduziert:

$0 \leq n_3 \leq L-1$ $\qquad n_3 + 1 \leq n_4 \leq L \qquad 0 \leq n_1 \leq L$

$$Max\left\{\begin{array}{l} 0 \\ n_4 - n_3 - n_1 + 1 \end{array}\right\} \leq n_2 \leq L \qquad 0 \leq n_5 \leq Min\left\{\begin{array}{l} L \\ n_1 + n_2 + n_3 - n_4 - 1 \end{array}\right\}$$

$$0 \leq n_6 \leq Min\left\{\begin{array}{l} L \\ n_1 + n_2 + n_3 - n_4 - n_5 - 1 \end{array}\right\}$$

Die Min- und Max- Argumente können entfernt werden, indem die Wahlsituationen, die die Restriktionen erfüllen, auf zwei disjunkte „Unterräume" verteilt werden. Der Unterraum I enthält Situationen mit $L \leq n_1 + n_2 + n_3 - n_4 - n_5 - 1$, der Unterraum II enthält Situationen mit $L > n_1 + n_2 + n_3 - n_4 - n_5 - 1$.

Die Grenzwerte der n_i im Unterraum I sind letztlich gegeben durch:

$0 \leq n_3 \leq L-1 \qquad n_3 + 1 \leq n_4 \leq L \qquad n_4 - n_3 + 1 \leq n_1 \leq L$

$n_4 - n_3 - n_1 + 1 + L \leq n_2 \leq L \qquad 0 \leq n_5 \leq n_1 + n_2 + n_3 - n_4 - 1 - L \qquad 0 \leq n_6 \leq L$

Um die Grenzwerte vollständig konfliktfrei zu machen, wird der Unterraum I weiter in die Unterräume #1 (mit $n_3 = 0$) und #2 (mit $1 \leq n_3 \leq L-1$) aufgeteilt:

Unterraum #1 $\qquad\qquad\qquad\qquad$ Unterraum #2

$n_3 = 0 \qquad\qquad\qquad\qquad\qquad 1 \leq n_3 \leq L-1$
$1 \leq n_4 \leq L-1 \qquad\qquad\qquad\quad n_3 + 1 \leq n_4 \leq L$
$n_4 + 1 \leq n_1 \leq L \qquad\qquad\qquad n_4 - n_3 + 1 \leq n_1 \leq L$
$L + 1 + n_4 - n_1 \leq n_2 \leq L \qquad\quad L + 1 + n_4 - n_1 - n_3 \leq n_2 \leq L$
$0 \leq n_5 \leq n_1 + n_2 - n_4 - 1 - L \qquad 0 \leq n_5 \leq n_1 + n_2 + n_3 - n_4 - 1 - L$
$0 \leq n_6 \leq L \qquad\qquad\qquad\qquad 0 \leq n_6 \leq L$

Für den Unterraum II werden sieben Unterräume #3 bis #9 benötigt, um alle Max- und Min-Argumente zu entfernen:

Unterraum #3
$n_3 = 0$
$1 \leq n_4 \leq L-1$
$n_4 + 1 \leq n_1 \leq L$
$L + 1 + n_4 - n_1 \leq n_2 \leq L$
$n_1 + n_2 - n_4 - L \leq n_5 \leq L$
$0 \leq n_6 \leq n_1 + n_2 - n_4 - n_5 - 1$

Unterraum #4
$1 \leq n_3 \leq L-1$
$n_3 + 1 \leq n_4 \leq L$
$n_4 - n_3 + 1 \leq n_1 \leq L$
$L + 1 + n_4 - n_1 - n_3 \leq n_2 \leq L$
$n_1 + n_2 + n_3 - n_4 - L \leq n_5 \leq L$
$0 \leq n_6 \leq n_1 + n_2 + n_3 - n_4 - n_5 - 1$

Unterraum #5
$n_3 = 0$
$1 \leq n_4 \leq L-1$
$n_4 + 1 \leq n_1 \leq n_4$
$n_4 - n_1 + 1 \leq n_2 \leq L$
$0 \leq n_5 \leq n_1 + n_2 - n_4 - 1$
$0 \leq n_6 \leq n_1 + n_2 - n_4 - n_5 - 1$

Unterraum #6
$1 \leq n_3 \leq L-1$
$n_3 + 1 \leq n_4 \leq L$
$0 \leq n_1 \leq n_4 - n_3$
$n_4 - n_3 - n_1 + 1 \leq n_2 \leq L$
$0 \leq n_5 \leq n_1 + n_2 + n_3 - n_4 - 1$
$0 \leq n_6 \leq n_1 + n_2 + n_3 - n_4 - n_5 - 1$

Unterraum #7
$n_3 = 0$
$n_4 = L$
$1 \leq n_1 \leq L$
$L - n_1 + 1 \leq n_2 \leq L$
$0 \leq n_5 \leq n_1 + n_2 - L - 1$
$0 \leq n_6 \leq n_1 + n_2 - n_5 - L - 1$

Unterraum #8
$n_3 = 0$
$1 \leq n_4 \leq L-1$
$n_4 + 1 \leq n_1 \leq L$
$0 \leq n_2 \leq L - n_1 + n_4$
$0 \leq n_5 \leq n_1 + n_2 - n_4 - 1$
$0 \leq n_6 \leq n_1 + n_2 - n_4 - n_5 - 1$

Unterraum #9
$1 \leq n_3 \leq L-1$
$n_3 + 1 \leq n_4 \leq L$
$n_4 - n_3 + 1 \leq n_1 \leq L$
$0 \leq n_2 \leq L + n_4 - n_1 - n_3$
$0 \leq n_5 \leq n_1 + n_2 + n_3 - n_4 - 1$
$0 \leq n_6 \leq n_1 + n_2 + n_3 - n_4 - n_5 - 1$

Für die Berechnung von $N_{PMRW}^{S(n_4 > n_3)}(3, L, MC)$, $N_{PMRW}^{S(n_4 = n_3)}(3, L, MC)$ und $N_{PMRW}^{\{A^*\}}(3, L, MC)$ werden weitere vier Unterräume #10 bis #13 benötigt:

Unterraum #10
$0 \leq n_5 \leq L-1$
$0 \leq n_6 \leq L-1-n_5$
$n_5 + n_6 + 1 \leq n_1 \leq L$
$0 \leq n_2 \leq L$

Unterraum #11
$0 \leq n_5 \leq L-1$
$0 \leq n_6 \leq L-1-n_5$
$0 \leq n_1 \leq n_5 + n_6$
$n_5 + n_6 - n_1 + 1 \leq n_2 \leq L$

Unterraum #12
$n_5 = L$
$0 \leq n_6 \leq L-1$
$n_6 + 1 \leq n_1 \leq L$
$L + 1 + n_6 - n_1 \leq n_2 \leq L$

Unterraum #13
$0 \leq n_5 \leq L-1$
$L - n_5 \leq n_6 \leq L$
$n_5 + n_6 + 1 - L \leq n_1 \leq L$
$n_5 + n_6 - n_1 + 1 \leq n_2 \leq L$

Für jedes L ≥ 3 gilt:

$$N_{PMRW}^{\{A^*\}}(3,L,MC) = 2N_{PMRW}^{S(n_4 > n_3)}(3,L,MC) + (L+1)N_{PMRW}^{S(n_4 = n_3)}(3,L,MC)$$

$$P_{PMRW}^{S}(3,L,MC) = \frac{3N_{PMRW}^{\{A^*\}}(3,L,MC)}{(L+1)^6}$$

Für MC gelten die folgenden Theoreme (für alle L ≥ 3)

1) $P_{PMRW}^{S}(3,L,MC) < P_{PMRW}^{S}(3,L+1,MC)$
2) $P_{PMRW}^{\#1}(3,L,MC) > P_{PMRW}^{\#1}(3,L+1,MC)$
3) $P_{PMRW}^{W}(3,L,MC) > P_{PMRW}^{W}(3,L+1,MC)$

Bei dem Modell „Impartial Culture Condition" (IC) werden Wahlen mit $C^m = \{C_1, C_2, \ldots C_m\}$ Kandidaten betrachtet. Die Wähler zeigen ihre individuellen Präferenzrangfolgen der Kandidaten, indem sie diesen Punkte zuordnen. Der Ausdruck t_j^i bezeichnet die Anzahl der Punkte, die der i-te Wähler dem j-ten Kandidaten zuordnet. Je stärker der Wähler einen Kandidaten präferiert, desto höher ist die dem Kandidaten zugeordnete Punktezahl. Dann hat jedes t_j^i einen Wert im geschlossenen Intervall [0,z] und ist von allen anderen t_j^i unabhängig. Jeder Wähler hat gemäß der Ordnung der Punkte, die den Kandidaten zugeordnet worden sind, in Bezug auf die Kandidaten eine lineare Präferenzordnung. Aus der Laplaceschen Annahme, dass alle möglichen Kombinationen von t_j^i mit gleicher Wahrscheinlichkeit auftreten können, folgt unmittelbar, dass alle möglichen Rangfolgen t_j^i gleich wahrscheinlich sind. Folglich müssen alle möglichen linearen Präferenzordnungen der

Kandidaten gleich wahrscheinlich sein, was vollständig mit der dem Modell IC zugrunde liegenden Vorstellung konsistent ist.

In einem anderen Modell (Polya-Eggenberger-Modell, P-E-Modell, nach Polya und Eggenberger 1923) werden IC / IAC-Verbindungen benutzt, um die Wahrscheinlichkeit zu berechnen, dass ein PMRW existiert (Berg 1985). Diese Modelle lassen sich am besten im Zusammenhang mit der Konstruktion von Zufallsprofilen der Wählerpräferenz beschreiben, indem bunte Kugeln aus einer Urne gezogen werden. Das Experiment beginnt mit Kugeln in sechs Farben, die in der Urne liegen. Für jede mögliche individuelle Präferenzordnung gibt es A_i Kugeln einer bestimmten Farbe, die der i-ten Präferenzordnung entspricht. Eine Kugel wird zufällig gezogen, und die ihr entsprechende Präferenzordnung wird dem ersten Wähler zugeordnet. Die Kugel wird dann – zusammen mit α zusätzlichen Kugeln derselben Farbe – in die Urne zurückgelegt. Dann wird eine zweite Kugel gezogen und die von ihr dargestellte Rangordnung dem zweiten Wähler zugeordnet. Auch diese Kugel wird zusammen mit α zusätzlichen Kugeln derselben Farbe zurückgelegt. Dieser Vorgang wird n mal wiederholt, bis für jeden der n Wähler eine individuelle Präferenzordnung erreicht ist. Bei α > 0 hat die Farbe der für den ersten Wähler gezogenen Kugel eine vergrößerte Wahrscheinlichkeit gegenüber der Farbe der für den zweiten Wähler gezogenen Kugel und so weiter. Es gibt „Epidemie"-Modelle, die einen zunehmenden Abhängigkeitsgrad nach den Wählerpräferenzen erzeugen, wenn α zunimmt (Rapoport 1980). Dagegen gibt es keine Abhängigkeit zwischen den Wählerpräferenzen in dem speziellen Fall mit α = 0. Die Wahrscheinlichkeit P(n, α), ein gegebenes Wahlpräferenzprofil mit zugehöriger Wahlsituation n bei einer Wahl mit drei Kandidaten zu beobachten, beträgt:

$$P(n,\alpha) = \frac{n!}{A^{[n,\alpha]}} \prod_{i=1}^{6} \frac{A_i^{[n_i,\alpha]}}{n_i!} \text{ mit } A = \sum_{i=1}^{6} A_i \text{ und } A^{[k,\alpha]} = A \cdot (A + \alpha) \cdot (A + 2\alpha) \ldots$$

[A + (k−1) α] und mit der Definition $A^{[k,\alpha]} = A$ für k = 0 und k = 1

Die P-E Wahrscheinlichkeit $P^1(n, \alpha)$ mit $A_i = 1$ für alle i = 1, 2, 3, 4, 5, 6 beträgt

bei α = 0: $\quad P^1(n,0) = \dfrac{n!}{n_1! n_2! n_3! n_4! n_5! n_6!} \cdot \dfrac{1}{6^n}$

und bei α = 1: $\quad P^1(n,1) = \dfrac{120}{(n+1)(n+2)(n+3)(n+4)(n+5)}$

$Q^S_{PMRW}(m,n,IC)$ ist die Wahrscheinlichkeit, dass ein bestimmter Kandidat in einem gegebenen Tripel von Kandidaten der PMRW für dieses Tripel nach der IC-Regel ist. Allgemein gilt: $C^m = \{C_1, C_2, \ldots, C_m\}$ und speziell für drei Kandidaten $C^3 = \{C_1, C_j, C_k\}$ mit C_1=PMRW

Z^m ist die Menge aller möglichen linearen Präferenzordnungen, die einzelne Wähler über die Kandidaten haben können.

Es bezeichne $\# Z^m = m!$ und $>^m_i$ = i-te lineare Ordnung in Z^m.

Z^m wird in vier Teilmengen zerlegt:

$$Z^m_1 = \{>^m_i : C_j > C_1 \text{ und } C_k > C_1\} \quad Z^m_2 = \{>^n_i : C_j > C_1 \text{ und } C_1 > C_k\}$$

$$Z^m_3 = \{>^m_i : C_k > C_1 \text{ und } C_1 > C_j\} \quad Z^m_4 = \{>^m_i : C_1 > C_j \text{ und } C_1 > C_k\}$$

Weiterhin gilt: $\#Z^m_1 = \#Z^m_4 = \dfrac{m!}{3}$ und $\#Z^m_2 = \#Z^m_3 = \dfrac{m!}{6}$

S_i ist die Gesamtzahl der in Z^m_i eingeschlossenen linearen Präferenzordnungen in einem gegebenen Wahlpräferenzprofil. Die Gesamtzahl der Wahlpräferenzprofile beträgt

$$K^{\{C_1\}}_{PMRW}(m,n,IC) = \binom{n}{S_1}\left(\frac{m!}{3}\right)^{S_1}\binom{n-S_1}{S_2}\left(\frac{m!}{6}\right)^{S_2}\binom{n-S_1-S_2}{S_3}\left(\frac{m!}{S_3}\right)^{S_3}\left(\frac{m!}{3}\right)^{n-S_1-S_2-S_3}$$

mit den Restriktionen der S_i: $0 \leq S_1 \leq \dfrac{n-1}{2}$ $\quad 0 \leq S_2 \leq \dfrac{n-1}{2} - S_1$

$0 \leq S_3 \leq \dfrac{n-1}{2} - S_1$

Die Wahrscheinlichkeit, dass C_1 der PMRW für ein gegebenes Tripel $\{C_1, C_j, C_k\}$ ist, beträgt:

$Q^{\{C_1\}}_{PMRW}(m,n,IC)$

$$= \left(\frac{1}{m!}\right)^n \sum_1 \binom{n}{S_1}\left(\frac{m!}{3}\right)^{S_1}\binom{n-S_1}{S_2}\left(\frac{m!}{6}\right)^{S_2}\binom{n-S_1-S_2}{S_3}\left(\frac{m!}{S_3}\right)^{S_3}\left(\frac{m!}{3}\right)^{n-S_1-S_2-S_3}$$

Dabei ist $\sum_1$ die Summationsfunktion des Tripels.
Dagegen ergibt sich nach der IAC-Regel:

$$Q_{PMRW}^{\{C_1\}}(m,n,IAC) = \frac{n!(m!-1)!}{(n+m!-1)!} \sum_{S_1=0}^{\frac{n-1}{2}} \frac{(S_1+\frac{m!}{3}-1)!}{\left(\frac{m!}{3}-1\right)!S_1!} \sum_{S_2=0}^{\frac{n-1}{2}-S_1} \frac{(S_2+\frac{m!}{6}-1)!}{\left(\frac{m!}{6}-1\right)!S_2!}$$

$$\sum_{S_3=0}^{\frac{n-1}{2}-S_1} \frac{(S_3+\frac{m!}{6}-1)!}{\left(\frac{m!}{6}-1\right)!S_3!} \frac{\left(n-S_1-S_2-S_3+\frac{m!}{3}-1\right)!}{\left(\frac{m!}{3}-1\right)!(n-S_1-S_2-S_3)!}$$

Für verschiedene Aspekte der Wahrscheinlichkeit, dass ein PMRW in Wahlen mit drei Kandidaten existiert, wurden andere Darstellungen entwickelt. Gehrlein und Fishburn (1976) wenden die IAC-Regel auf den erwarteten Zeitanteil R_{PMRW}^i an, in dem der PMRW in die Position Nummer i der individuellen linearen Präferenzordnungen eingeordnet ist. Als Ergebnisse werden unter anderem die jeweiligen Wahrscheinlichkeiten für Starke und für Strenge PMRW ermittelt.

Gillet(1978) verwendet einen anderen Ansatz, bei dem die Wahrscheinlichkeit $P_{PMRW}^{\{A^s\}}(3,n,p)$, dass A der Strenge PMRW bei geradem n ist, nicht von einer der hier dargestellten Prozeduren abhängt, sondern anhand von den durch den Ausdruck p bestimmten Kugeln in einem Urnenexperiment berechnet wird. Die Urne enthält Kugeln mit sechs verschiedenen Farben entsprechend der bei drei Kandidaten möglichen sechs linearen Präferenzordnungen. Der Anteil p ist dann der Anteil der Kugeln einer bestimmten Farbe an der Gesamtheit der Kugeln in der Urne. Aus der Urne werden n Kugeln zufällig sequentiell gezogen. Die Farbe der bei dem i-ten Zug gezogenen Kugel wird verwendet zur Zuweisung der mit dieser Farbe verbundenen linearen Präferenzordnung zu dem i-ten Wähler, bevor die Kugel in die Urne zurückgelegt wird. Das Urnenmodell erfüllt alle in der Wahrscheinlichkeitstheorie geforderten Eigenschaften einer echten Zufallsauswahl. Die Berechnung der Wahrscheinlichkeiten führt zu eindeutigen exakten Ergebnissen.

Die Wahrscheinlichkeit, dass A der Strenge PMRW bei ungeradem n ist, beträgt:

$$P_{PMRW}^{\{A\}}(3,n,p) = P_{PMRW}^{\{A^*\}}(3,n-1,p) +$$

$$\sum_{S_1=0}^{\frac{n-3}{2}} \sum_{S_2=0}^{\frac{n-3}{2}-S_1} \frac{(n-1)!(p_5+p_6)^{S_1}(p_1+p_2)^{\frac{n-1}{2}-S_2}}{S_1!S_2!\left(\frac{n-1}{2}-S_1\right)!\left(\frac{n-1}{2}-S_2\right)!}$$

$$\cdot \left\{ (p_1+p_2+p_3)p_3^{S_2}p_4^{\frac{n-1}{2}-S_1} + (p_1+p_2+p_4)p_3^{\frac{n-1}{2}-S_1}p_4^{S_2} \right\}$$

$$+ \sum_{S_1=0}^{\frac{n-1}{2}} \frac{(n-1)!(p_5+p_6)^{S_1}p_3^{\frac{n-1}{2}-S_1}p_4^{\frac{n-1}{2}-S_1}(p_1+p_2)^{S_1+1}}{S_1!\left(\frac{n-1}{2}-S_1\right)!\left(\frac{n-1}{2}-S_1\right)!S_1!}$$

Die Wahrscheinlichkeit, dass A der PMRW bei geradem n ist, beträgt:

$$P_{PMRW}^{\{A^*\}}(3,n,p) = P_{PMRW}^{\{A\}}(3,n-1,p) -$$

$$\sum_{S_1=0}^{\frac{n-3}{2}} \sum_{S_2=0}^{\frac{n-3}{2}-S_1} \frac{(n-1)!(p_5+p_6)^{S_1}(p_1+p_2)^{\frac{n-1}{2}-S_2}}{S_1!S_2!\left(\frac{n-1}{2}-S_1\right)!\left(\frac{n-1}{2}-S_2\right)!}$$

$$\cdot \left\{ (p_4+p_5+p_6)p_3^{S_2}p_4^{\frac{n-1}{2}-S_1} + (p_3+p_5+p_6)p_3^{\frac{n-1}{2}-S_1}p_4^{S_2} \right\}$$

$$-(p_3+p_4+p_5+p_6).$$

$$\sum_{S_1=0}^{\frac{n-1}{2}} \frac{(n-1)!(p_5+p_6)^{S_1}p_3^{\frac{n-1}{2}-S_1}p_4^{\frac{n-1}{2}-S_1}(p_1+p_2)^{S_1+1}}{S_1!\left(\frac{n-1}{2}-S_1\right)!\left(\frac{n-1}{2}-S_1\right)!(S_1+1)!}$$

Die Vermeidung des Zwangs, sich für eine von hier drei (allgemein mehreren) Prozeduren entscheiden und diese Entscheidung begründen zu müssen, führt somit zu einer kaum noch überblickbaren Komplikation bei der numerischen Bewertung der Qualität von Mehrheitsentscheidungen im Hinblick auf die Frage, ob ein Condorcet-Gewinner existiert bzw. mit welcher Wahrscheinlichkeit eine Entscheidung vom Paradoxon bedroht ist. Die Formeln zur Ermittlung der Wahrscheinlichkeit eines PMRW können so kompliziert werden, dass sie nur theoretische Bedeutung haben und eine Anwendung auf reale Daten kaum infrage kommt.

Die hier dargestellten Prozeduren (IAC, MC, IC) zur Erzeugung von Wahlsituationen ermöglichen demgegenüber eine erhebliche Vereinfachung des Rechenganges. Sie sind komprimiert gekennzeichnet nach ihrer Berechnung der Wahrscheinlichkeit, einen Starken Condorcet Gewinner zu ermitteln (Lepelley und Gehrlein 1999):

$$P_{PMRW}^{Strong}(m,n,IAC) = \frac{(\alpha-1)!}{(n+\alpha-1)(n+\alpha-2)...(n+1)}$$

mit $\alpha \leq m!$ und $n = \sum n_i$ (α = Anzahl der zulässigen linearen Präferenzordnungen).

$$P_{PMRW}^{Strong}(m,n,MC) = \frac{1}{(L+1)^{\alpha}}$$

mit *null* $\leq n = \sum n_i \leq L\alpha$ nach Spezifizierung einer positiven ganzen Zahl L und unabhängiger Zuordnung eines Wertes in der Menge $\{0,1,...,L\}$ zu jedem n_i mit gleicher Wahrscheinlichkeit $\frac{1}{L+1}$

$$P_{PMRW}^{Strong}(m,n,IC) = \frac{n!}{n_1!n_2!...n_{\alpha}!} \cdot \alpha^{-n}$$

Darstellung nach algebraischer Verkürzung

Zur praktischen Anwendung vor allem der komplizierten Formeln des Kapitels „Wahrscheinlichkeit paradoxer Entscheidungen" liegen Formulierungen verschiedener Autoren vor, die direkt numerisch reproduzierbar und durch mathematische Analyse verifizierbar sind. Die Darstellungen betreffen insbesondere die Wahrscheinlichkeit, dass ein Gewinner nach der paarweisen Majoritätsregel existiert, und die Wahrscheinlichkeit, dass diese Regel transitiv ist. Diese Wahrscheinlichkeiten ergeben sich für Wahlen mit jeweils drei Kandidaten nach verschiedenen Methoden zur Betrachtung ausgeglichener Präferenzen (Impartial Anonymous Culture IAC, Maximal Culture Condition MC, Impartial Culture Condition Connections IC-IAC). Danach ist zu erwarten, dass zyklische Wahlergebnisse aufgrund der paarweisen Majoritätsregel weit verbreitet sind. Die größte Wahrscheinlichkeit solcher Zyklen tritt bei einer kleinen Anzahl von Wählern auf.

Im Folgenden werden für jede Formel die Zugehörigkeit zu einem der hauptsächlich praxisrelevanten Ansätze (IAC, MC, IC-IAC) sowie die Literaturstelle angegeben, wo die Formel mathematisch hergeleitet wurde.

1. Impartial Anonymous Culture (IAC)

1.1 Gehrlein und Fishburn 1976: für ungerade n

$$N_{PMRW}^{\{A\}}(3,n,IAC) = \frac{45}{128} + \frac{99n}{128} + \frac{39n^2}{64} + \frac{43n^3}{192} + \frac{5n^4}{128} + \frac{n^5}{384}$$

$$= \frac{(n+1)(n+3)^3(n+5)}{384}$$

1.2. Gehrlein 2002:

$$N_{PMRW}^{\{A\}}(3,n,IAC) = \frac{(n+2)^2(n+4)^2(n+6)}{384} \text{ für gerade n}$$

1.3. McNutt 1993 und Chen 2002:

$$P_{PMRW}^{S}(3,n,IAC) = \frac{15(n+3)^2}{16(n+2)(n+4)} \text{ für ungerade n}$$

1.4. Lepelley 1989:

$$P_{PMRW}^{S}(3,n,IAC) = \frac{15n(n+2)(n+4)}{16(n+1)(n+3)(n+5)} \quad \text{für gerade n}$$

1.5. Fishburn et al. 1979a, 1979b:

$$P_{PMRW}^{\#1}(3,n,IAC) = \frac{5(n+3)^2}{16(n+2)(n+4)} \quad \text{für ungerade n}$$

1.6. Kelly 1974:

$$P_{PMRW}^{\#1}(3,n,IAC) = \frac{5(n+2)(n+4)(n+6)}{16(n+1)(n+3)(n+5)} \quad \text{für gerade n}$$

1.7. Kelly 1974:

$$P_{PMRW}^{W}(3,n,IAC) = 3 \cdot P_{PMRW}^{\#1}(3,n,IAC) = P_{PMRW}^{S}(3,n,IAC) \quad \text{für ungerade n}$$

1.8. Gehrlein 2002:

$$P_{PMRW}^{W}(3,n,IAC) = \frac{15(n+2)(n^2+8n+8)}{16(n+1)(n+3)(n+5)} \quad \text{für gerade n}$$

1.9. Gehrlein und Fishburn 1976:

$$R_{PMRW}^{j}(m,n,IAC)$$

$$R_{PMRW}^{(j=1)}(3,n,IAC) \frac{8n^2+33n+19}{15n(n+3)} \quad \text{für ungerade n; } n \to \infty \Rightarrow R_{PMRW}^{1} = \frac{8}{15}$$

$$R_{PMRW}^{(j=2)}(3,n,IAC) \frac{(n-1)(4n+13)}{15n(n+3)} \quad \text{für ungerade n; } n \to \infty \Rightarrow R_{PMRW}^{2} = \frac{4}{15}$$

$$R_{PMRW}^{(j=3)}(3,n,IAC) \frac{n^2+n-2}{5n(n+3)} \quad \text{für ungerade n; } n \to \infty \Rightarrow R_{PMRW}^{3} = \frac{1}{5}$$

1.10. Lepelley und Gehrlein 1999:

$$P_{PMRW}^{Strong}(3,n,IAC) = \frac{3(n+7)(3n+7)}{16(n+2)(n+4)} \quad \text{für ungerade n}$$

1.11. Lepelley und Gehrlein 1999:

$$P_{PMRW}^{Strong}(3,n,IAC) = \frac{3n(n+6)(3n+9)}{16(n+1)(n+3)(n+5)} \quad \text{für gerade n}$$

2. Maximal Culture Condition (MC)

2.1. Gehrlein und Lepelley (1997):

$$N_{PMRW}^{S(n_4 > n_3)}(3,L,MC) = \frac{L(109L^5 + 375L^4 + 415L^3 + 45L^2 - 164L - 60)}{720}$$

2.2. Gehrlein und Lepelley 1997:

$$N_{PMRW}^{S(n_4 = n_3)}(3,L,MC) = \frac{L(3L^3 + 10L^2 + 12L + 5)}{6}$$

2.3. Gehrlein und Lepelley 1997:

$$N_{PMRW}^{\{A'\}}(3,L,MC) = \frac{2L}{3} + \frac{107L^2}{45} + \frac{91L^3}{24} + \frac{239L^4}{72} + \frac{37L^5}{24} + \frac{109L^6}{360}$$

2.4. Gehrlein und Lepelley 1997

$$P_{PMRW}^{S}(3,L,MC) = \frac{L(109L^4 + 446L^3 + 749L^2 + 616L + 240)}{120(L+1)^5} \text{ für } L \geq 3$$

2.5. Gehrlein 2002:

$$P_{PMRW}^{\#1}(3,L,MC) = \frac{109L^5 + 644L^4 + 1541L^3 + 1894L^2 + 1212L + 360}{360(L+1)^5}$$

2.6. Gehrlein 2002:

$$P_{PMRW}^{W}(3,L,MC) = \frac{109L^5 + 578L^4 + 1157L^3 + 1168L^2 + 588L + 120}{120(L+1)^5}$$

2.7. Lepelley und Gehrlein 1999:

$$P_{PMRW}^{Strong}(3,L,MC) = \frac{L(29L^4 + 184L^3 + 421L^2 + 434L + 192)}{120(L+1)^5}$$

3. Impartial Culture Condition Connections (IC-IAC)

3.1. Johnson und Kotz 1977, Berg 1985:

$$P^1(n, \alpha = 0) = \frac{n!}{n_1! n_2! n_3! n_4! n_5! n_6!} \frac{1}{6^n}$$

$$P^1(n, \alpha = 1) = \frac{120}{(n+1)(n+2)(n+3)(n+4)(n+5)}$$

Die Ergebnisse hängen – direkt oder indirekt über L – nur von der Anzahl der Wähler n ab. Sie werden im Folgenden für das „Alltägliche Beispiel aus dem wirklichen Familienleben" und für das „Fiktive realistische Beispiel aus der Kommunalpolitik" berechnet.

Schema aller möglichen Präferenzordnungen für den Eiskonsum von 12 Familienmitgliedern
(Sch=Schokolade, Van.=Vanille, Erd.=Erdbeere):

Sch	Sch	Van	Erd	Van	Erd
Van	Erd	Sch	Sch	Erd	Van
Erd	Van	Erd	Van	Sch	Sch
$n_1 = 3$	$n_2 = 2$	$n_3 = 1$	$n_4 = 2$	$n_5 = 3$	$n_6 = 1$

n=12, L=4

Im Anschluss an Lepelley und Gehrlein 1999 (S. 92) wird hier L = 4 gesetzt (bei n = 12), interpoliert aus $n = 9 \Rightarrow L = 3$ und $n = 15 \Rightarrow L = 5$

Impartial Anonymous Culture
Anzahl der Wahlsituationen mit PMRW = Schokolade:

$$N_{PMRW}^{\{Sch\}}(3,12,IAC) = \frac{(12+2)^2 (12+4)^2 (12+6)}{384} = 2356$$

Wahrscheinlichkeit, dass ein Strenger PMRW existiert:

$$P_{PMRW}^{S}(3,12,IAC) = \frac{15 \cdot 12(12+2)(12+4)}{16(12+1)(12+3)(12+5)} = 0{,}7602$$

Wahrscheinlichkeit, dass eine bestimmte gegebene Alternative ein Strenger PMRW ist:

$$P_{PMRW}^{\#1}(3,12,IAC) = \frac{5(12+2)(12+4)(12+6)}{16(12+1)(12+3)(12+5)} = 0{,}3801$$

Wahrscheinlichkeit, dass ein Schwacher PMRW existiert:

$$P_{PMRW}^{W}(3,12,IAC) = \frac{15(12+2)(12^2+8 \cdot 12+8)}{16(12+1)(12+3)(12+5)} = 0{,}9819$$

Wahrscheinlichkeit, dass ein Starker PMRW existiert:

$$P_{PMRW}^{Strong}(3,12,IAC) = \frac{3 \cdot 12(12+6)(3 \cdot 12+9)}{16(12+1)(12+3)(12+5)} = 0{,}5498$$

Maximal Culture Condition
Anzahl der Wahlsituationen mit PMRW = Schokolade:

$$N_{PMRW}^{\{Sch\}}(3, L=4, MC) = \frac{2 \cdot 4}{3} + \frac{107 \cdot 4^2}{45} + \frac{91 \cdot 4^3}{24} + \frac{239 \cdot 4^4}{72} + \frac{37 \cdot 4^5}{24} + \frac{109 \cdot 4^6}{360} = 3952$$

Wahrscheinlichkeit, dass ein Strenger PMRW existiert:

$$P^S_{PMRW}(3, L=4, MC) = \frac{4(109 \cdot 4^4 + 446 \cdot 4^3 + 749 \cdot 4^2 + 616 \cdot 4 + 240)}{120(4+1)^5} = 0,7588$$

Wahrscheinlichkeit, dass eine bestimmte gegebene Alternative ein Strenger PMRW ist:

$$P^{\#1}_{PMRW}(3, L=4, MC)$$

$$= \frac{109 \cdot 4^5 + 644 \cdot 4^4 + 1541 \cdot 4^3 + 1894 \cdot 4^2 + 1212 \cdot 4 + 360}{360(4+1)^5}$$

$$= 0,2658$$

Wahrscheinlichkeit, dass ein Schwacher PMRW existiert:

$$P^W_{PMRW}(3, L=4, MC) = \frac{109 \cdot 4^5 + 578 \cdot 4^4 + 1157 \cdot 4^3 + 1168 \cdot 4^2 + 588 \cdot 4 + 120}{120(4+1)^5} = 0,9461$$

Wahrscheinlichkeit, dass ein Starker PMRW existiert:

$$P^{Strong}_{PMRW}(3, L=4, MC) = \frac{4(29 \cdot 4^4 + 184 \cdot 4^3 + 421 \cdot 4^2 + 434 \cdot 4 + 192)}{120(4+1)^5} = 0,2972$$

Impartial Culture Condition Connections

Spezielle „P-E-Wahrscheinlichkeit" (nach Polya-Eggenberger) mit Parameter $\alpha = 0$ und $\alpha = 1$ bei IC-IAC:

$$P^1(12, \alpha=0) = \frac{12!}{3!2!1!2!3!1!} \cdot \frac{1}{6^{12}} = 0,001528$$

$$P^1(12, \alpha=1) = \frac{120}{(12+1)(12+2)(12+3)+(12+4)(12+5)} = 0,000162$$

Schema aller möglichen Präferenzordnungen für die Flächennutzung von neun Ratsmitgliedern
(Nat = Naturschutz, Lan = Landwirtschaft, Beb = Bebauung):

Nat	Nat	Lan	Beb	Lan	Beb	$n = 9$
Lan	Beb	Nat	Nat	Beb	Lan	
Beb	Lan	Beb	Lan	Nat	Nat	$L = 3$
$n_1 = 2$	$n_2 = 2$	$n_3 = 1$	$n_4 = 0$	$n_5 = 1$	$n_6 = 3$	

Im Anschluss an Lepelley und Gehrlein 1999 (S. 92) wird hier L = 3 gesetzt (bei n = 9).

Impartial Anonymous Culture

Anzahl der Wahlsituationen mit PMRW = Naturschutz:

$$N_{PMRW}^{\{Nat\}}(3,9,IAC) = \frac{(9+1)(9+3)^3(9+5)}{384} = 630$$

Wahrscheinlichkeit, dass ein Strenger PMRW existiert:

$$P_{PMRW}^{S}(3,9,IAC) = \frac{15(n+3)^2}{16(9+2)(9+4)} = 0{,}9441$$

Wahrscheinlichkeit, dass eine bestimmte gegebene Alternative ein Strenger PMRW ist:

$$P_{PMRW}^{\#1}(3,9,IAC) = \frac{5(9+3)^2}{16(9+2)(9+4)} = 0{,}3147$$

Wahrscheinlichkeit, dass ein Schwacher PMRW existiert:

$$P_{PMRW}^{W}(3,9,IAC) = P_{PMRW}^{S}(3,9,IAC) = 0{,}9441$$

Wahrscheinlichkeit, dass ein Starker PMRW existiert:

$$P_{PMRW}^{Strong}(3,9,IAC) = \frac{3(9+7)(3\cdot 9+7)}{16(9+2)(9+4)} = 0{,}7133$$

Wahrscheinlichkeit, dass ein PMRW der ersten bzw. zweiten bzw. dritten Position der Präferenzordnung eines Wählers zugeordnet ist:

$$R_{PMRW}^{1}(3,9,IAC) = \frac{8\cdot 9^2 + 33\cdot 9 + 19}{15\cdot 9(9+1)} = 0{,}7141$$

$$R_{PMRW}^{2}(3,9,IAC) = \frac{(9-1)(4\cdot 9+13)}{15\cdot 9(9+3)} = 0{,}2420$$

$$R_{PMRW}^{3}(3,9,IAC) = \frac{9^2+9-2}{5\cdot 9(9+3)} = 0{,}1630$$

Maximal Culture Condition
Anzahl der Wahlsituationen mit PMRW = Naturschutz:

$$N_{PMRW}^{\{Nat\}}(3, L=3, MC) = \frac{2 \cdot 3}{3} + \frac{107 \cdot 3^2}{45} + \frac{91 \cdot 3^3}{24} + \frac{239 \cdot 3^4}{72} + \frac{37 \cdot 3^5}{24} + \frac{109 \cdot 3^6}{360} = 990$$

Wahrscheinlichkeit, dass ein Strenger PMRW existiert:

$$P_{PMRW}^{S}(3, L=3, MC) = \frac{3(109 \cdot 3^4 + 446 \cdot 3^3 + 749 \cdot 3^2 + 616 \cdot 3 + 240)}{120(3+1)^5} = 0{,}7251$$

Wahrscheinlichkeit, dass eine bestimmte gegebene Alternative ein Strenger PMRW ist:

$$P_{PMRW}^{\#1}(3, L=3, MC) = \frac{109 \cdot 3^5 + 644 \cdot 3^4 + 1541 \cdot 3^3 + 1894 \cdot 3^2 + 1212 \cdot 3 + 360}{360(3+1)^5} = 0{,}3833$$

Wahrscheinlichkeit, dass ein Schwacher PMRW existiert:

$$P_{PMRW}^{W}(3, L=3, MC) = \frac{109 \cdot 3^5 + 578 \cdot 3^4 + 1157 \cdot 3^3 + 1168 \cdot 3^2 + 588 \cdot 3 + 120}{120(3+1)^5} = 0{,}9517$$

Wahrscheinlichkeit, dass ein Starker PMRW existiert:

$$P_{PMRW}^{Strong}(3, L=3, MC) = \frac{3(29 \cdot 3^4 + 184 \cdot 3^3 + 421 \cdot 3^2 + 434 \cdot 3 + 192)}{120(3+1)^5} = 0{,}3076$$

Impartial Culture Condition Connections
Spezielle „P-E-Wahrscheinlichkeit" (nach Polya-Eggenberger) mit Parameter α = 0 und α = 1
bei IC-IAC:

$$P^1(9, \alpha = 0) = \frac{9!}{2!2!1!0!1!3!} \cdot \frac{1}{6^9} = 0{,}001500$$

$$P^1(9, \alpha = 1) = \frac{120}{(9+1)(9+2)(9+3)(9+4)(9+5)} = 0{,}000500$$

Wahrscheinlichkeiten für PMRW nach verschiedenen Methoden bei drei Kandidaten

	IAC		MC		IC-IAC	
	n=12	n=9	n=12	n=9	n=12	n=9
	L=4	L=3	L=4	L=3	–	–
$N^{[A]}$	2356	630	3952	990	–	–
P^S	0,7602	0,9441	0,7588	0,7251	–	–
$P^{\#1}$	0,3801	0,3147	0,2658	0,3833	–	–
P^W	0,9819	0,9441	0,9461	0,9517	–	–
R^1	–	0,7141	–	–	–	–
R^2		0,2420	–	–	–	–
R^3		0,1630	–	–	–	–
P^{strong}	0,5498	0,7133	0,2972	0,3076	–	–
$P^1\ (\alpha = 0)$	–	–	–	–	0,001528	0,001500
$P^1\ (\alpha = 1)$	–	–	–	–	0,000162	0,000500

Für alle P-Werte sowie für die R-Werte gilt hier der klassische Wahrscheinlichkeitsbegriff, den bereits Condorcet (1785, S. V) als „einzigen allgemeinen Grundsatz" (Seul principe général) hervorgehoben hat: „Si sur un nombre donné de combinaisons également possibles, il y en a un certain nombre qui donnent un èvènement, et un autre nombre qui donnent l'èvènement contraire, la probabilité de chacun des deux èvènements sera égale au nombre des combinaisons qui l'amènent, divisé par le nombre total." Gemessen an dem sonst üblichen wortreich überladenen Schreibstil Condorcets ist diese Definition eindeutig und verständlich. Je nach der Bestimmung der im Dividenden und im Divisor stehenden Anzahl variiert die Wahrscheinlichkeit in den hier präsentierten Beispielen bei den verschiedenen Methoden zum Teil stark. Die Ergebnisse zeigen, mit welcher Wahrscheinlichkeit eine bestimmte Methode in Verbindung mit einer bestimmten Wählerzahl im Durchschnitt aller vergleichbaren Wahlvorgänge zur korrekten Identifikation eines von drei Kandidaten als eindeutigen Gewinner der Wahl führt. Damit ist eine quantitative Grundlage zur Bewertung der Eignung einer Methode gegeben. Über das Ergebnis eines einzelnen Wahlvorgangs ist innerhalb des Spektrums der Zufälligkeit der Wahl dagegen keine Aussage möglich. Bemerkenswert ist, dass die P-Werte mehr oder weniger weit von P=1 abweichen; das heißt, es gibt kein Wahlergebnis, das mit Sicherheit nicht paradox und damit in jedem Fall als brauchbare Entscheidungsgrundlage interpretierbar ist. Die beste Annäherung an die Sicherheit wird – nach den hier verglichenen Methoden – bei der Ermittlung des „Schwachen" Gewinners nach der paarweisen Majoritätsregel, die zweitbeste Annäherung beim „Strengen" Gewinner und die drittbeste Annäherung beim „Starken" Gewinner erreicht. Diese Abstufung verträgt sich gut mit der im Kapitel „Mathematische Formulierung des Phänomens" gegebenen Definition des „Schwachen", „Strengen" und „Starken" Paradoxons.

Exemplarische Hinweise zur mathematischen Herleitung

Im Folgenden werden für die im Kapitel „Darstellung nach algebraischer Verkürzung" zitierten Formeln Hinweise zu den ausführlichen mathematischen Beweisen gegeben. In Formel 1.5 wird die Wahrscheinlichkeit $P_{PMRW}^{\{x\}}(m,n,IAC)$ betrachtet, dass eine gegebene Menge $\{x\}$ von Kandidaten in der Menge aller Gewinner nach der paarweisen Majoritätsregel (PMRW, „Condorcet Gewinner") enthalten ist, wenn n Wähler und m Kandidaten vorliegen und das Konzept der „Impartial anonymous culture" (IAC) angewendet wird. Dieser Wahrscheinlichkeitsbegriff bezieht sich also auf die Wahrscheinlichkeit, dass ein Condorcet-Gewinner tatsächlich existiert. Jedes Kandidatenpaar in der gegebenen Menge der Kandidaten ist durch die paarweise Majoritätsregel verbunden, und jeder Kandidat in der gegebenen Menge übertrifft oder bindet alle nicht in dieser Menge enthaltenen Kandidaten. Die Wahrscheinlichkeit $P^{\#}$, dass eine bestimmte Teilmenge spezifizierter Elemente gegeben ist, hat den Wert $P^{\#i}$, wenn die Kardinalzahl einer Menge $\{x\}$ gleich i ist. Wenn n ungerade ist, so kann der Fall vorkommen, dass keine Bindung durch die paarweise Majoritätsregel besteht. Aus Formel 1.3 und dem Zusammenhang $P_{PMRW}^{\#1}(3,n,IAC) = \frac{1}{3}\left[P_{PMRW}^{S}(3,n,IAC)\right]$ folgt dann Formel 1.5 für ungerade n.

Nach Formel 1.1 wird die Anzahl $N_{PMRW}^{\{A\}}(3,n,IAC)$ der zu A als PMRW führenden Wahlsituationen für drei Kandidaten bei Anwendung des Konzepts IAC durch einen Prozess der sequentiellen Nutzung bekannter Beziehungen von Summen der Potenzen ganzer Zahlen ermittelt, die in Sammlungen von mathematischen Tafeln und Formeln veröffentlicht wurden (unter anderen Beery 2010). Der erste Schritt dieses Prozesses ist die numerische Bestimmung der Summe

$$\sum_{n_2=0}^{n-n_6-n_5-n_4-n_3} 1,$$

die äquivalent zu der Anzahl der verschiedenen ganzzahligen Werte von n_2 innerhalb des Zahlenbereichs

$$0 \leq n_2 \leq n - n_6 - n_5 - n_4 - n_3$$

ist. Dieser allgemeine Wert ist als $(n-n_6-n_5-n_4-n_3+1)$ gegeben. Die Summierung über n_3 lässt sich in zwei Komponenten zerlegen. Die erste Komponente

$$\sum_{n_3=0}^{\frac{n-1}{2}-n_6-n_5} (n-n_6-n_5-n_4+1) = (n-n_6-n_5-n_4+1) \sum_{n_3=0}^{\frac{n-1}{2}-n_6-n_5} 1$$

führt – analog dem Vorgehen bei der Summierung über n_2 – zurück zu

$$(n-n_6-n_5-n_4+1)\left(\frac{n-1}{2}-n_6-n_5+1\right)$$

Die zweite Komponente der Summierung über n_3

$$\sum_{n_3=0}^{\frac{n-1}{2}-n_6-n_5} (n_3)$$

ist äquivalent zu der Summe aller ganzzahligen Werte innerhalb des Zahlenbereichs

$$0 \leq n_3 \leq \frac{n-1}{2}-n_6-n_5$$

Allgemein gilt

$$\sum_{n_3=0}^{k} n_3 = \frac{k(k+1)}{2}$$

Für die Summierungen über n_4, n_5 und n_6 wird der Prozess in gleicher Weise fortgesetzt, indem bekannte Darstellungen für Summen von Potenzen höheren Grades von ganzen Zahlen verwendet werden (Beery 2010). Das Ergebnis ist Formel 1.1 für ungerade n.

Da IAC in Bezug auf die Kandidaten symmetrisch ist, gilt

$$N_{PMRW}^{\{A\}}(3,n,IAC) = N_{PMRW}^{\{B\}}(3,n,IAC) = N_{PMRW}^{\{C\}}(3,n,IAC)$$

Aus $P_{PMRW}^{S}(3,n,IAC) = \dfrac{3N_{PMRW}^{\{A\}}(3,n,IAC)}{K(3,n,IAC)}$ ergibt sich – nach Berücksichtigung kleinerer Abänderungen – Formel 1.3 für ungerade n.

Bei geradzahligem n erhält man aus

$$P^S_{PMRW}(3,n,IAC) = \frac{3\sum_{n_6=0}^{(a)}\sum_{n_5=0}^{(b)}\sum_{n_4=0}^{(c)}\sum_{n_3=0}^{(d)}\sum_{n_2=0}^{(e)} 1}{K(3,n,IAC)}$$ Formel 1.4.

Aus der Definition von $N^{\{A\}}_{PMRW}(3,n,IAC)$ für gerade n folgen nach Anwendung spezieller algebraischer Reduktionstechniken Formel 1.2 und Formel 1.6.

Ein gegebenes Profil hat einen „Schwachen" PMRW, wenn irgendein Kandidat nach der PMRW-Regel alle anderen Kandidaten übertrifft oder bindet. Wenn n ungerade ist, so kann der Fall vorkommen, dass keine Bindung durch die paarweise Majoritätsregel besteht. Die Darstellung für gerade n folgt aus der Definition

$$P^W_{PMRW}(3,n,IAC) = P^{\{A\}}_{PMRW}(3,n,IAC) + P^{\{B\}}_{PMRW}(3,n,IAC) + P^{\{C\}}_{PMRW}(3,n,IAC)$$

$$- \left[P^{\{A,B\}}_{PMRW}(3,n,IAC) + P^{\{A,C\}}_{PMRW}(3,n,IAC) + P^{\{B,C\}}_{PMRW}(3,n,IAC) \right]$$

$$+ P^{\{A,B,C\}}_{PMRW}(3,n,IAC)$$

Durch Anwendung algebraischer Reduktionstechniken erhält man Formel 1.8 für gerade n.

Bei der Anwendung des Konzepts der „Maximal Culture Condition" (MC) kann die Anzahl der Wahlsituationen in jedem der neun Unterräume analog dem Vorgehen beim Konzept IAC durch algebraische Beziehungen für Summen von Potenzen ganzer Zahlen berechnet werden. Nach Durchführung dieser Rechnung für jeden Unterraum und Akkumulation der Ergebnisse erhält man Formel 2.1 für $n_4 > n_3$. Mit einer ähnlichen Prozedur ist die Anzahl der Wahlsituationen für den Fall $n_4 = n_3$ zu berechnen. Nachdem alle Abtrennungen zur Entfernung der Maxima und Minima von den unteren und oberen Grenzwerten der Restriktionsbereiche der n_i vollzogen sind, benötigt man vier Unterräume – hier bezeichnet als Unterraum #10 bis #13 –, für die gesondert berechnet wird. Die Zusammenführung dieser Ergebnisse führt zu Formel 2.2. Nach Substitution und algebraischer Reduktion ergibt sich Formel 2.3. Wegen der im Hinblick auf die Kandidaten bestehenden Symmetrie von MC folgt Formel 2.4. Die Formeln 2.5 und 2.6 für den Fall MC erhält man nach den gleichen Überlegungen wie bei IAC.

Zu verschiedenen Aspekten der Wahrscheinlichkeit, dass bei einer Wahl mit drei Kandidaten ein PMRW existiert, wurden andere spezielle Darstellungen entwickelt. So wurde nach dem Konzept der IAC der erwartete Zeitanteil untersucht, den der PMRW – vorausgesetzt, dass ein solcher existiert – in der i-ten Position der individuellen linearen Präferenzrangordnung in Präferenzprofilen verbringt. Der Rang 1 bezieht sich hier auf den vom Wähler am meisten bevorzugten Kandidaten. Für den Fall von drei Kandidaten bei ungeradem n ergeben sich die Formeln 1.9. Nach den Konzepten IAC und MC wurden Modelle zur Darstellung der Wahrscheinlichkeit, dass ein „Starker" PMRW existiert, für drei Kandidaten entwickelt. Die Ergebnisse sind die Formeln 1.10 und 1.11 (nach IAC) und die Formel 2.7 (nach MC). Nach einer Verbindung zwischen IAC und dem Konzept „Impartial Culture Condition" (IC) wurde die Wahrscheinlichkeit P(n, α) dargestellt, in einer Drei-Kandidaten-Wahl ein gegebenes Wählerpräferenzprofil mit beigeordneter Wahlsituation n zu beobachten (sogenanntes Polya-Eggenberger-Modell; P-E-Modell). Aus der Modellformel für P(n,α) ergeben sich die Formeln 3.1 für die Spezialfälle $α = 0$ und $α = 1$. Diese Polya-Eggenberger-Wahrscheinlichkeit mit $α = 0$ ist äquivalent zu einem unabhängigen Wählermodell mit einer multinomialen Wahrscheinlichkeit für Profile mit gleich wahrscheinlichen Präferenzeinreihungen. Bei $α = 0$ ergibt sich das Äquivalent von IC. Die Ergebnisse der Darstellung von $P^1(n)$ in Formel 3.1 lassen schließen, dass bei gegebenem n jede mögliche Wahlsituation für ein P-E-Modell mit $α = 1$ gleich wahrscheinlich zu beobachten ist. Bei $α = 1$ ergibt sich das Äquivalent von IAC, woraus die direkte Folgerung abzuleiten ist, dass IAC eine Situation darstellt, in der es Abhängigkeiten zwischen den Wählerpräferenzen gibt.

Zur Erhaltung der Übersichtlichkeit sei hier der Verlauf der Berechnung der Wahrscheinlichkeit, dass ein „Strenger" Condorcet-Gewinner existiert, für den Fall von drei Kandidaten und ungerader Wählerzahl nach dem Konzept IAC noch einmal zusammenfassend dargestellt. Unter Berücksichtigung der zulässigen Wertebereiche der n_i (siehe Kapitel „Wahrscheinlichkeit paradoxer Entscheidungen") als Obergrenzen (a), (b), (c), (d) und (e) ergibt sich für den Kandidaten A

$$N_{PMRW}^{\{A\}}(3,n,IAC) = \sum_{n_6=0}^{(a)} \sum_{n_5=0}^{(b)} \sum_{n_4=0}^{(c)} \sum_{n_3=0}^{(d)} \sum_{n_2=0}^{(e)} 1 \text{ für ungerade n.}$$

Daraus erhält man mit Hilfe spezieller mathematischer Tafeln (über Summen von Potenzen ganzer Zahlen)

$$N_{PMRW}^{\{A\}}(3,n,IAC) = \frac{(n+1)(n+3)^3(n+5)}{384}$$ für ungerade n.

Aus der Definition von IAC und dessen Symmetrie in Bezug auf die Kandidaten ergibt sich als Gesamtzahl der möglichen Wählerprofile für n Wähler und drei Kandidaten

$$K(3,n,IAC) = \frac{\prod_{i=1}^{5}(n+i)}{120}$$

Die Wahrscheinlichkeit P^S ist dann das Verhältnis

$$P_{PMRW}^{S}(3,n,IAC) = \frac{3N_{PMRW}^{\{A\}}(3,n,IAC)}{K(3,n,IAC)}$$

Daraus folgt:

$$P_{PMRW}^{S}(3,n,IAC) = \frac{15(n+3)^2}{16(n+2)(n+4)}$$ für ungerade n (Formel 1.3).

Die Argumentation nach dem Konzept MC sei hier beispielhaft für den Fall von drei Kandidaten zusammengefasst. Bei drei Alternativen (Kandidaten) A, B und C gibt es sechs mögliche lineare Präferenzordnungen ABC, ACB, BAC, CAB, BCA und CBA. Die Anzahl der Wähler mit Präferenzordnung i beträgt n_i. Ein Wählerpräferenzprofil wird von einer bestimmten Kombination der n_i gebildet. Nach dem Konzept MC wird jedes n_i zufällig aus einer Gleichverteilung über {0,1,...,L} ausgewählt. Die Anzahl der Wähler in einem Profil kann dann zwischen null und 6 L liegen, und die Anzahl der möglichen Profile, von denen jedes mit gleicher Wahrscheinlichkeit vorkommen kann, beträgt $(L + 1)^6$. Die Wahrscheinlichkeit des Auftretens des Condorcet-Paradoxons unter MC-Bedingungen kann als Funktion des Parameters L dargestellt werden. Der Rechengang beginnt mit der Ermittlung der Anzahl der Profile, bei denen Kandidat A als Condorcet-Gewinner erscheint; das ist die Anzahl der Profile, in denen A bei Majoritätsvergleichen sowohl B als auch C „schlägt". Die Rechnung wird zweckmäßigerweise getrennt für den Fall $n_4 > n_3$ – dieser Fall kann wegen der Symmetrie von MC auch für den Fall $n_3 > n_4$ verwendet werden – und für den Fall $n_4 = n_3$ durchgeführt. Kandidat A ist der Condorcet-Gewinner bei $(n_1 + n_2 + n_4) > (n_3 + n_5 + n_6)$ und $(n_1 + n_2 + n_3) > (n_4 + n_5 + n_6)$.

Für $n_4 > n_3$ und $0 \leq n_i \leq L$ sind danach im „Gesamtraum" und in neun „Unterräumen" Ober- und Untergrenzen der n_i festgelegt (siehe Kapitel „Wahrscheinlichkeit paradoxer Entscheidungen"). Für jeden Unterraum ist die Menge Y_1 bis Y_9 der Profile $(n_1,...n_6)$ definiert, die die Anforderungen der Ober- und Untergrenzen erfüllen. Durch sequentielle Summierung mit Hilfe mathematischer Tafeln für Formeln von Summen und Potenzen ganzer Zahlen kann die Kardinalzahl der Y-Werte in jedem Unterraum berechnet werden. Für den Unterraum Nr. 1 ergibt sich:

$$|Y_1| = \sum_{n_4=1}^{L-1} \sum_{n_1=n_4+1}^{L} \sum_{n_2=L+1+n_4-n_1}^{L} \sum_{n_5=0}^{n_1+n_2-n_4-1-L} \sum_{n_6=0}^{L} = \frac{L(L+1)^2(L^2+L-2)}{24}$$

Nach entsprechender Berechnung für jeden Unterraum erhält man:

$$|Y| = \sum_{i=1}^{9}|Y_i| = N_{Pmrw}^{S(n_4 > n_3)}(3, L, MC)$$

$$|Y| = \frac{L(109L^5 + 375L^4 + 415L^3 + 45L^2 - 164L - 60)}{720} \text{ für } n_4 > n_3 \text{ (Formel 2.1)}$$

Die insgesamt L + 1 Fälle mit $n_4 = n_3$ heben sich vollständig gegenseitig auf. Für jeden dieser Fälle ist Kandidat A der Condorcet-Gewinner bei $n_1 + n_2 > n_5 + n_6$, zum Beispiel wenn gilt:

$0 \leq n_5 \leq L$ $\qquad\qquad 0 \leq n_6 \leq Min\{L, 2L - n_5 - 1\}$

$Max\{0, n_5 + n_6 - L + 1\} \leq n_1 \leq L \qquad Max\{0, n_5 + n_6 - n_1 + 1\} \leq n_2 \leq L$

Nun werden vier „Unterräume" gebildet (siehe Kapitel „Wahrscheinlichkeit paradoxer Entscheidungen") und für jeden Unterraum die Menge Z_1 bis Z_4 derjenigen Profile n_1 bis n_6 definiert, die diese Ungleichungen erfüllen. Schließlich erhält man:

$$|Z| = \sum_{i=1}^{4}|Z_i| = N_{Pmrw}^{S(n_4=n_3)}(3, L, MC) = \frac{L(3L^3 + 10L^2 + 12L + 5)}{6} \text{ für } n_3 = n_4$$

(Formel 2.2)

Ein Condorcet-Paradoxon entsteht, wenn es keinen Condorcet-Gewinner gibt. Wegen der Symmetrie von MC beträgt die Wahrscheinlichkeit des Auftretens des Condorcet-Paradoxons

$$1 - 3\frac{2|Y| + (L+1)|Z|}{(L+1)^6}$$

Elementare geometrische Veranschaulichung

Für den Fall von nicht mehr als drei zur Wahl stehenden Alternativen wurden anschauliche geometrische Methoden zur Präsentation und Analyse von Wahlergebnissen entwickelt und angewendet. Die folgenden Ausführungen mit spezieller Symbolik sind an Saari (1995) angelehnt, der eine geometrische Analysemethode als praktikablen Ersatz für die auf der mathematischen Kombinatorik beruhende Methode erarbeitete. „The representation developed here is a natural, geometric one where the number of candidates is identified with the geometric dimension of a space." (Saari S. 30).

Zunächst sind einige Begriffe zu definieren (Saari S. 22 bis 25).

„Konvexität" (convexity): Eine Fläche ist konvex (d.h. nach außen gewölbt), wenn jede gerade Linie zwischen zwei beliebigen Punkten der Fläche vollständig innerhalb der Fläche verläuft.

„Linearität" (linear mapping):

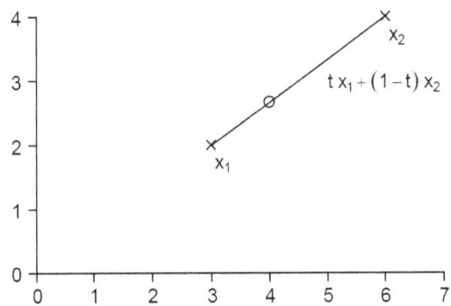

$x_1 = (3, 2) \quad x_2 = (6, 4)$
O markiert einen beweglichen Punkt auf der geraden Linie in Abhängigkeit von t.
Algebraische Präsentation der geraden Linie:

$tx_1 + (1-t)x_2 = t(3, 2) + (1-t)(6, 4) = (6-3t, 4-2t)$ mit $t \in [0, 1]$

$t = 0 \Rightarrow x_2 \quad t = 1 \Rightarrow x_1$

Allgemeines lineares Gleichungssystem aus m Zeilen und n Spalten:

$$y_1 = a_{1.1}x_1 + a_{1.2}x_2 + \ldots + a_{1.n}x_n$$
$$y_2 = a_{2.1}x_1 + a_{2.2}x_2 + \ldots + a_{2.n}x_n$$
und so weiter bis
$$y_m = a_{m.1}x_1 + a_{m.2}x_2 + \ldots + a_{m.n}x_n$$

a_{ij} = zu spezifizierende Konstanten
x = Anzahl der Stimmen, die jeweils eine der möglichen Rangordnungen erhält
y = mögliche Rangordnungen

Das Gleichungssystem zur Bestimmung der Konstanten a_{ij} hat für m > n keine Lösung, für m = n eine einzige Lösung und für m < n die in der Matrix (A) enthaltenen Lösungen:

(y) = (A) (x) ⇒ (x) = (A)$^{-1}$ (y) mit (A)$^{-1}$ = Inverse der Matrix (A)

$$\begin{pmatrix} y_1 \\ y_2 \\ \vdots \\ y_m \end{pmatrix} = \begin{pmatrix} a_{1.1} & a_{1.2} & \ldots & a_{1.n} \\ a_{2.1} & a_{2.2} & \ldots & a_{2.n} \\ \vdots & \vdots & \vdots & \vdots \\ a_{m.1} & a_{m.2} & \ldots & a_{m.n} \end{pmatrix} \begin{pmatrix} x_1 \\ x_2 \\ \vdots \\ x_n \end{pmatrix}$$

Definierende Eigenschaft einer linearen Funktion f:

$f(ax_1 + bx_2) = a \cdot f(x_1) + b \cdot f(x_2)$ mit den Skalaren a und b
und $f[tx_1 + (1-t)x_2] = t \cdot f(x_1) + (1-t) \cdot f(x_2)$

Saari S. 25: „If A is a convex set in the domain and if f is a linear function, then the image of A is a convex set in the image space. Conversely, if f is a linear mapping with a convex domain and if D is a convex set in the image set, then $f^{-1}(d)$ is a convex set" .... „Convex sets play an important role in the analysis of election procedures. The natural relationship – connecting the number of voters that have each ranking of the candidates with the election tallies – is a linear function. The $a_{i,j}$ coefficients reflect the choice of the voting system and the preferences of the voters ; the x values represent the number of voters."

Bei einer Pluralitätswahl gibt jeder Wähler nur seinem Spitzenkandidaten einen Punkt. Jeder Kandidat c_j erhält n_j Punkte. Bei drei Kandidaten (j = 1, 2, 3) ist die Anordnung $\{n_1, n_2, n_3\}$ ein Punkt in dem dreidimensionalen Raum

$$R^3 = \left\{ (x_1, x_2, x_3) \mid -\infty < x_j < \infty, \quad j = 1, 2, 3 \right\}$$

Die Werte auf der x_j-Achse von R^3 sind das Wahlergebnis für Kandidat c_j. Da jede Komponente von $\{n_1, n_2, n_3\}$ nicht-negativ ist, folgt

$$R_+^3 = \left\{ (x_1, x_2, x_3) \in R^3 \mid x_j \geq 0 \right\}$$

Jede Anzahl n_j wird in die relative Häufigkeit q_j umgerechnet:

$$q = \{q_1, q_2, q_3\} = \left\{ \frac{n_1}{\sum_{j=1}^{3} n_j}, \frac{n_2}{\sum_{j=1}^{3} n_j}, \frac{n_3}{\sum_{j=1}^{3} n_j} \right\}$$

Allgemein gilt $q_k = \dfrac{n_k}{\sum_{j=1}^{3} n_j}$ mit $q_k \geq 0$ und $\sum_{k=1}^{3} q_k = 1$, k = 1, 2, 3

Die Ausdrücke q_k sind die Elemente des „standardisierten Wahlvektors".

[Anmerkung: Saari (1995) verwendet hier die Bezeichnung „normalization", die aber wegen ihrer nicht zutreffenden begrifflichen Nähe zur Normalverteilung irreführend ist.]

Die Eigenschaften von q_k erlauben die Identifikation mit je einem Punkt in dem innerhalb von R_+^3 vereinfachten Raum („unit simplex")

$$Si\,(3) = \left\{ x = (x_1, x_2, x_3) \in R_+^3 \mid x_j \geq 0, \sum_{j=1}^{3} x_j = 1 \right\}$$

Die Si(3) werden als Punkte in einem gleichseitigen Dreieck dargestellt, die jeweils eine bestimmte Rangfolge definieren. Die Eckpunkte des Dreiecks haben die Koordinaten:

$e_1 = (1,0,0)$
$e_2 = (0,1,0)$
$e_3 = (0,0,1)$

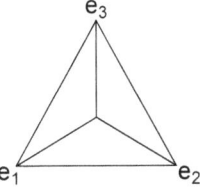

Jeder Punkt der Dreiecksfläche stellt einen standardisierten Wahlvektor mit je drei geordneten Elementen c dar. Je näher q an e_k liegt, desto besser schneidet c_k bei der Wahl ab. *Bei $q = e_k$ liegt ein einstimmiges Votum für c_k vor.*

Der Raum Si(3) wird in „Rangregionen" (ranking regions) aufgeteilt, zum Beispiel:

R $(c_3 = c_1 > c_2) = \{q \in Si(3) | q_3 = q_1 > q_2\}$
Die „c_1/c_2- Gleichgewichtslinie" (indifference line) enthält alle von e_1 und e_2 gleichweit entfernten Punkte wie C und D. Beim Paarvergleich bedeutet A zum Beispiel $c_1 > c_2$ und B $c_2 > c_1$. Die drei c_i/c_j- Gleichgewichtslinien grenzen die sechs Rangregionen ab. Die geometrische Darstellung der Rangregionen zeigt, wie die Paarvergleiche eine transitive Rangordnung der Kandidaten definieren.

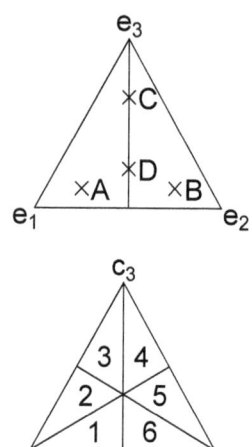

Zum Beispiel stellt die Linie zwischen den Regionen 3 und 4 die Rangordnung $c_3 > c_1 = c_2$ und die Linie zwischen den Regionen 2 und 3 die Rangordnung $c_1 = c_3 > c_2$ dar.

Angenommen, jeder Wähler habe eine „strenge lineare Rangordnung" (strict linear ordering) der n Kandidaten. Bei drei Kandidaten gibt es 3! = 6 verschiedene Rangordnungen und damit sechs „Wählertypen":

Wählertyp	Rangordnung	Wählertyp	Rangordnung
1	$c_1 > c_2 > c_3$	4	$c_3 > c_2 > c_1$
2	$c_1 > c_3 > c_2$	5	$c_2 > c_3 > c_1$
3	$c_3 > c_1 > c_2$	6	$c_2 > c_1 > c_3$

Die p_j sind definiert als Anteile der von allen Wählern des Typs Nr. j (j= 1, 2,....., n!) abgegebenen Stimmen und bilden den standardisierten Vektor

$$(p) = (p_1, p_2, ..., p_{n!})$$

Wegen $p_j \geq 0$ und $\sum_{j=1}^{n!} p_j = 1$ folgt als „Profil" (rationaler Punkt) im Raum

allgemein $Si(n!) = \left\{ y = (y_1, ..., y_{n!}) \in R^{n!} \mid y_j \geq 0, \sum_{j=1}^{n!} y_j = 1 \right\}$

Der „Wirtsraum" (host space) hat die Dimension n!, so dass die einschränkende Gleichung $\sum_{j=1}^{n!} y_j = 1$ den Raum Si(n!) der standardisierten Profile zu einem (n!-1)- dimensionalen geometrischen Objekt verkleinert.

Drei Beispiele zur geometrischen Darstellung des Vektors (p) (nach Saari 1995 S. 40):

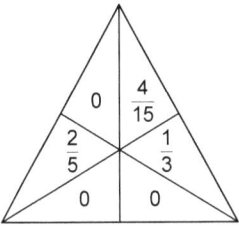 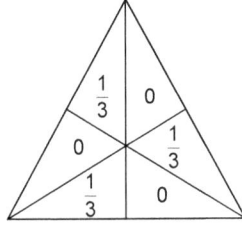 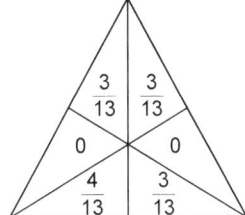

(p) = (0, $\frac{2}{5}$, 0, $\frac{4}{15}$, $\frac{1}{3}$, 0) (p) = ($\frac{1}{3}$, 0, $\frac{1}{3}$, 0, $\frac{1}{3}$, 0) (p) = ($\frac{4}{13}$, 0, $\frac{3}{13}$, $\frac{3}{13}$, 0, $\frac{3}{13}$)

Bei der Pluralitätswahl gibt jeder Wähler vom Typ 1 nur für den Kandidaten c_1 eine Stimme ab $\Rightarrow$ Vektor $e_1 = (1,0,0)$.

Bei der Pluralitätswahl gibt jeder Wähler vom Typ 3 nur für den Kandidaten c_3 eine Stimme ab $\Rightarrow$ Vektor $e_3 = (0,0,1)$.

Bei der Pluralitätswahl gibt jeder Wähler vom Typ 5 nur für den Kandidaten c_2 eine Stimme ab $\Rightarrow$ Vektor $e_2 = (0,1,0)$.

Einem Vektor (p) = ($\frac{1}{6}$, 0, $\frac{1}{3}$, 0, $\frac{1}{2}$, 0) entspricht als Ergebnis der „graphischen Wahlaufzeichnung" (election mapping) ein Ausdruck der Form

$$\frac{1}{6}e_1 + \frac{1}{2}e_2 + \frac{1}{3}e_3 = (\frac{1}{6}, \frac{1}{2}, \frac{1}{3})$$

Jeder Vektor e_j ist eine Permutation von e_1. Die Spitzenwahl eines Wählers vom Typ 4 ist c_3: $\quad \Rightarrow [e_1]_4 = e_3$ und analog: $\quad [e_1]_5 = e_2$

Aus dem Profil p $\in$ Si (3!) = Si (6) wird nach der Standardisierung die kartographische Wahlaufzeichnung

f: Si(6) $\rightarrow$ Si(3)

Diese ist definiert durch $f(p, e_1) = \sum_{j=1}^{6} p_j [e_1]$

Hilfreich für die Analyse sind die linearen Eigenschaften von f und die Einmütigkeit von (p):

$f(E_j, e_1) = [e_1]_j$ mit $j = 1, \ldots, 6$

$f(p, e_1) = f(\sum_{j=1}^{6} p_j E_j, e_1) = \sum_{j=1}^{6} p_j \, f(E_j, e_1) = \sum_{j=1}^{6} p_j [e_1]_j$

E_j ist das Einmütigkeitsprofil, wenn die Wähler zum Typ j=1,..., n! gehören; zum Beispiel bedeutet im Fall von drei Kandidaten bei $E_3 = (0, 0, 1, 0, 0, 0)$, dass alle Wähler die Präferenzordnung vom Typ 3 (also $c_3 > c_1 > c_2$) haben.

Aus dem Vektor $(p) = (\frac{1}{3}, 0, \frac{1}{3}, 0, \frac{1}{3}, 0)$ entsteht ein Condorcet-Zyklus mit $c_1 > c_2, c_2 > c_3$ und $c_3 > c_1$. Dagegen wird ein Kandidat zum Condorcet-Gewinner, wenn er alle Vergleiche gegen die anderen Kandidaten nach der paarweisen Majoritätsregel gewinnt, wenn die Präferenzordnungen als Punkte auf einer geraden Linie dargestellt werden können und wenn jeweils drei Punkte die Ungleichungen $p_1 \leq p_2$ und $p_2 \leq p_3$ befriedigen, so dass sich dann $p_1 \leq p_3$ ergibt. Von den individuellen und kollektiven Präferenzen wird Transitivität als vorhersagbares ähnliches Verhalten erwartet; das heißt bei $c_1 > c_2$ und $c_2 > c_3$ müsste sich $c_1 > c_3$ ergeben. Die Erwartungen werden aber manchmal enttäuscht, wie das folgende Beispiel zeigt (Saari 1995, S. 48).

Für drei irrational (intransitiv) handelnde Wähler ergeben sich die Paarvergleiche:

Wähler Nr.1: $c_1 > c_2$ $\quad c_2 > c_3$ $\quad c_3 > c_1$ $\quad$ zyklisch
Wähler Nr.2: $c_1 > c_2$ $\quad c_2 > c_3$ $\quad c_3 > c_1$ $\quad$ zyklisch
Wähler Nr.3: $c_2 > c_1$ $\quad c_1 > c_3$ $\quad c_3 > c_2$ $\quad$ zyklisch

Aus den neun möglichen Paarvergleichen geht jeder Kandidat dreimal als Sieger hervor. Damit ist keine Entscheidung möglich.

Für drei rational (transitiv) handelnde Wähler ergeben sich die Paarvergleiche:

Wähler Nr.1: $c_1 > c_2 > c_3$: $c_1 > c_2$ $\quad c_2 > c_3$ $\quad c_1 > c_3 \Rightarrow c_1$ ist Gewinner
Wähler Nr.2: $c_2 > c_3 > c_1$: $c_2 > c_3$ $\quad c_3 > c_1$ $\quad c_2 > c_1 \Rightarrow c_2$ ist Gewinner
Wähler Nr.3: $c_3 > c_1 > c_2$: $c_3 > c_1$ $\quad c_1 > c_2$ $\quad c_3 > c_2 \Rightarrow c_3$ ist Gewinner

Auch hier wird jeder Kandidat gleich häufig als Sieger ausgewiesen. Damit ist keine Entscheidung möglich. Die paarweise Majoritätsregel unterscheidet danach nicht zwischen rationalen und irrationalen individuellen Präferenzen; beide können dazu führen, dass keine Entscheidung getroffen wird.

Saari (1995 S. 2f.) beschreibt ein Beispiel mit 15 Wählern und drei Alternativen c_1, c_2 und c_3. Die individuellen Präferenzordnungen sind für sechs Wähler $c_1 > c_3 > c_2$ (Wählertyp 2), für fünf Wähler $c_2 > c_3 > c_1$ (Wählertyp 5) und für vier Wähler $c_3 > c_2 > c_1$ (Wählertyp 4); die Wählertypen 1, 3 und 6 sind nicht vertreten. Die kollektive Präferenzordnung nach der Pluralitätsregel ist somit $c_1 > c_2 > c_3$. Als Profile ergeben sich $p = \left(0, \frac{6}{15}, 0, \frac{4}{15}, \frac{5}{15}, 0\right)$. Die Ergebnisse der individuellen Vergleiche nach der paarweisen Majoritätsregel sind:

Wählertyp	$c_3 > c_2$		Wählertyp	$c_3 > c_1$		Wählertyp	$c_2 > c_1$	
2	6	–	2	–	6	2	–	6
5	–	5	5	5	–	5	5	–
4	4	-	4	4	–	4	4	–
Summe	10	5	Summe	9	6	Summe	9	6

Diese Summen sind außerhalb, die Elemente des Profilsektors sind innerhalb der Dreiecksgrafik dargestellt. Zum Beispiel sind Wählertypen mit $c_1 > c_2$ links und Wählertypen mit $c_2 > c_1$ rechts von der c_1 / c_2 – Gleichgewichtslinie angegeben.

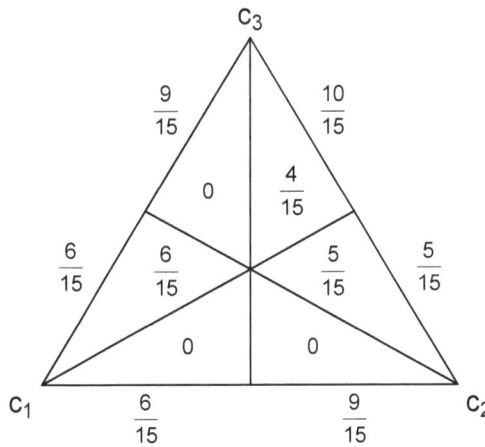

Die geometrische Präsentation liefert Informationen außer über die Paarvergleiche $c_i > c_j$ auch über die „Intensität" der c_i und c_j relativ zur dritten verfügbaren Alternative. „Starke Intensität" (strong intensity) liegt vor, wenn die Anordnung des Paares c_i / c_j in der Grafik durch die dritte Alternative getrennt wird. „Schwache Intensität" (weak intensity) liegt vor, wenn das Paar c_i / c_j beim Vergleich mit der dritten Alternative in der Grafik unzertrennt bleibt. Wenn bei einer Wahl mehr als drei Kandidaten zur Wahl stehen, hängen die Intensitätsniveaus von der Anzahl der Kandidaten ab, die c_1 und c_2 grafisch trennen. Die Intensität entspricht in der Terminologie der Wahrscheinlichkeitsrechnung der bedingten Wahrscheinlichkeit. Die Intensität der Paarvergleiche ist ein schwächster Indikator, um anzuzeigen, dass die Wähler transitive Rangordnungen haben. Starke Intensitäten erfordern Transitivität; alle binären Rangordnungen eines zyklischen Wählers sind schwach intensiv.

Resümierender Ausblick

In den vorausgegangenen fünf Kapiteln wurden die Methoden zur allgemeinen Definition paradoxer Wahlergebnisse bzw. Mehrheitsentscheidungen und zur Quantifizierung der Wahrscheinlichkeit des möglichen Auftretens solcher Ergebnisse unter besonderer Berücksichtigung numerisch leicht handhabbarer Formeln und anschaulicher Graphiken dargestellt. Zu den weitergehenden – hier nicht vertieften – Fragestellungen gehört die Ermittlung und Analyse der gesellschaftlichen Faktoren, die sich auf das Wählerverhalten auswirken können. Viele wissenschaftliche Arbeiten haben den Zweck, die Wahrscheinlichkeit des Auftretens eines nach der paarweisen Majoritätsregel als Gewinner ermittelten Kandidaten rechnerisch zu bestimmen. Die sehr umfangreiche Auflistung, Beschreibung und Besprechung dieser Arbeiten bei Gehrlein (2006) ist beeindruckend. Diese Arbeiten untersuchen, ob die Neigung zum Paradoxon von dem Grad der gesellschaftlichen Homogenität abhängt und wie stark diese Abhängigkeit ggf. ist. Als Homogenitätsmaße werden verschiedene Dimensionen der Übereinstimmung (Konsistenz) der Mitglieder einer Gesellschaft und des sozialen Zusammenhangs (Kohärenz) verwendet. Wenn die Homogenität sich darin ausdrückt, dass jedes Mitglied der Gesellschaft hinsichtlich der zur Wahl stehenden Alternativen dieselben Präferenzen hat, muss das Homogenitätsmaß sein Maximum erreichen. Im anderen Extremfall muss das Maß minimal werden, wenn die individuellen Präferenzen so vollkommen über das Spektrum der Alternativen verstreut sind, dass keine mehrheitlich getragene kollektive Rangordnung der Alternativen bei Zusammenfassung der einzelnen Voten sichtbar wird. Die Literatur enthält Untersuchungen zur Anwendung von solchen Maßen der gesellschaftlichen Homogenität, die sich speziell auf die Präferenzordnungen bei Wahlen beziehen, so dass die Parameter dieser Ordnungen direkt auch im Homogenitätsmaß erscheinen (zum Beispiel Campbell und Tullock 1965, von denen die Wichtigkeit zyklischer Mehrheitsentscheidungen direkt gemessen wird). Die Einwirkung verschiedener sozialer Konsistenz- und Kohärenzmaße auf die Ermittlung der Wahrscheinlichkeit, dass ein aus dem paarweisen Majoritätsvergleich hervorgehender eindeutiger Sieger der Wahl ohne Paradoxon existiert, ist besonders gründlich untersucht worden; der Faktor soziale Homogenität ist damit aber nicht als einzige relevante Größe identifiziert worden. Andere soziale Einflussfaktoren sind ebenfalls als signifikant erkannt worden. So wurde die Wahrscheinlichkeit der Existenz eines Wahlsiegers im hier definierten Sinn auf das Ausmaß der Tendenz der Wähler zurückgeführt, sich der Stimme zu enthalten (Settle und Adams 1976). Auch der Grad der Gleichgültigkeit der Wähler gegenüber den Kandidaten wurde in Beziehung zum Wahlparadoxon gesetzt (Gehrlein und Valognes 2001). Das Vorkommen intransitiver Präferenzen wurde danach untersucht, ob bereits die individuellen Präferenzen intransitiv sind (Rose 1957). Schließlich wurde die Unsicherheit der Wähler über die von den Kandidaten vertretenen Meinungen zu strittigen Punkten als Ursache unplausibler Wahlergebnisse angegeben (Holler 1982).

Die hohe Wahrscheinlichkeit, dass aus einem Wahlprozess nach der paarweisen Majoritätsregel ein Gewinner hervorgeht, oder die geringe Wahrscheinlichkeit, dass ein Gewinner nicht existiert, also ein Fall des Condorcet-Paradoxons vorliegt, ist ein Ausdruck der zu erwartenden Stabilität des Wahlvorgangs. Um ausreichend starke Beziehungen zwischen den Homogenitätsmaßen und der Wahrscheinlichkeit der Existenz des Wahlgewinners zu erhalten, muss die Bildung der Präferenzen der Wähler nach bestimmten gemeinsamen Kriterien der internen strukturellen Konsistenz oder Kohärenz erfolgen. Eine der Voraussetzungen, die die Sicherheit der Aussagefähigkeit des Wahlergebnisses gegen die Gefahr des Paradoxons gewährleistet, ist die Annahme, dass die individuellen Präferenzordnungen eingipflig (single-peaked) sind. Mehrere ähnliche Typen struktureller Kohärenz oder Konsistenz wurden in Bezug auf die Wahrscheinlichkeit der Existenz eines Condorcet-Gewinners von Niemi (1969) untersucht. Gehrlein (2006 S. 228) kommt zu der Schlussfolgerung: „As a result, Condorcet's Paradox should rarely be observed in any real elections on a small number of candidates whith large electorates, as long as voters' preferences reflect any significant degrees of groups coherence or consistency."

Das Condorcet-Paradoxon besagt, dass eine intransitive kollektive Präferenzordnung sich auch dann ergeben kann, wenn alle zugrundeliegenden individuellen Präferenzordnungen transitiv sind. Die Transitivität aller Präferenzordnungen ist ein unverzichtbares Kennzeichen rationalen Handelns. Also setzt die Rationalität eines mit Stimmenmehrheit beschlossenen

Wahlergebnisses nach den Regeln der Logik im Normalfall voraus, dass die individuellen Präferenzen der Wähler transitiv sind. Intransitive Präferenzen führen normalerweise mit bestimmter Wahrscheinlichkeit dazu, dass alle zur Wahl stehenden Alternativen in der kollektiven Präferenzordnung gleichwertig sind und daher keine Entscheidung zulassen, oder dass an jeder Stelle des Entscheidungsprozesses die nächstfolgende Entscheidung zu einer bereits zurückgewiesenen Aussage führt und damit der Prozess zyklisch ist. Es gibt aber auch Modelle, die bei bestimmten beobachteten Datenkonstellationen zur Erklärung von Phänomenen intransitive Präferenzen der einzelnen Wähler verwenden (Luce und Suppes 1965) und trotzdem zu einer endgültigen Entscheidung führen. Bei diesen Modellen kann das im Kapitel „Mathematische Formulierung des Phänomens" aufgestellte vollständige Schema der sechs Rangordnungen bei drei Alternativen übernommen werden; die Symbole erhalten jedoch eine neue Bedeutung. Die Alternativen A, B und C sind nun Mengen von Merkmalen („attributes"). Die obersten Ränge der einzelnen Spalten sind so geordnet, dass der an der Spitze stehende Posten als beste Alternative im Hinblick auf irgendein einzelnes Merkmal wahrgenommen wird. Jeder Wähler hat eine empfundene Präferenzordnung der Alternativen für jedes einzelne Merkmal. Diese Rangordnungen sind sehr wahrscheinlich für verschiedene Merkmale unterschiedlich. Ein Wähler kann zum Beispiel A > B und A > C auf der Grundlage eines bestimmten Merkmals empfinden und gleichzeitig auf der Grundlage eines anderen Merkmals A<B und A<C wahrnehmen. Der Wähler stellt dann einen paarweisen Vergleich zwischen den Alternativen auf der Grundlage dieser empfundenen Merkmalsanordnungen über die Alternativen an. Mit A > B wird nun das Ergebnis bezeichnet, dass der Wähler für eine allumfassende paarweise Präferenz für A vor B empfänglich ist, nachdem er die relativen Merkmalsanordnungen dieser beiden Alternativen betrachtet hat.

Die mathematischen Modelle zur Darstellung und Analyse von Wahlsituationen werden viel komplizierter, wenn mehr als drei Alternativen zur Verfügung stehen. Die Anzahl der Permutationen von m Elementen beträgt m!; das heißt mit der Anzahl der Alternativen nimmt die zu berücksichtigende Anzahl der möglichen Präferenzordnungen um einen kontinuierlich wachsenden Faktor zu. Die Ausweitung der Modelle auf mehr als drei Alternativen ist aber wichtig, weil vermutet wird, dass die Wahrscheinlichkeit der Existenz eines Gewinners nach der paarweisen Majoritätsregel bei gegebener Anzahl von Wählern mit der Zunahme der Alternativen schnell abnimmt (Black 1958). Die Wahrscheinlichkeit der Existenz eines Gewinners ist von der Wahrscheinlichkeit zu unterscheiden, dass die paarweise Majoritätsregel transitiv ist. Die Anpassung der Modelle an größere Alternativenzahlen stellt erhebliche Anforderungen an die Logistik der Datenorganisation und Datenverarbeitung. Außerdem ist das Verhalten der Modelle bei zunehmender Anzahl der Wähler zu untersuchen. „As a result ... we can conclude that the probability that a PMRW exists for large electorates ... is such that Condorcet's Paradox is a real threat to elections with a relative large number of candidates ..." (Gehrlein 2006 S. 152).

Mathematische Symbole

Die Verwendung der Symbole ist angelehnt an Gehrlein 2006 und Saari 1995. Die teilweise abweichenden historischen Symbole im Kapitel „Paradoxon von Condorcet" wurden unverändert gelassen.

Lateinische Buchstaben:
A   zur Wahl stehende Alternative (Kandidat, Statement)
A^* bestimmte Wahlsituation für A nach MC-Regel
a   1) allgemein Konstante (Koeffizient, Parameter)
       2) speziell mathematischer Parameter bei der Wahl nach der Präferenzordnung (Borda-Regel)
(a)   Summationsindex
B   zur Wahl stehende Alternative (Kandidat, Statement)
b   1) allgemein Konstante (Koeffizient, Parameter)
       2) speziell mathematischer Parameter bei der Wahl nach der Präferenzordnung (Borda-Regel)
(b)   Summationsindex
C   zur Wahl stehende Alternative (Kandidat, Statement)
(c)   Summationsindex
(d)   Summationsindex
E   1) allgemein Erwartungswert (mathematische Erwartung)
       2) speziell „Einmütigkeitsprofil"
e   Eckpunkte eines Dreiecks
(e)   Summationsindex
f   Funktion
h   Anzahl der Juroren, die die Entscheidung für richtig halten
IAC   IAC-Regel (Impartial Anonymous Culture)
IC   IC-Regel (Impartial Culture Condition)

i	1) allgemein laufende Nummer
	2) speziell laufende Nummer des Wählers oder der Wählergruppe
j	1) allgemein laufende Nummer
	2) speziell laufende Nummer der Alternative
K	Gesamtzahl der möglichen Wahlsituationen
k	1) allgemein laufende Nummer
	2) speziell mathematischer Parameter bei kombinierten IC/IAC-Regeln
L	ganze Zahl als fester Teil von n
....M...	... übertrifft ... nach Majoritätsregel
MC	MC-Regel (Maximal Culture Condition)
Max	Maximum
Min	Minimum
m	1) allgemein Anzahl von Objekten
	2) speziell Anzahl der zur Wahl stehenden Alternativen
N	Anzahl bestimmter Wahlsituationen
n	1) allgemein Anzahl der Wähler oder Juroren
	2) speziell Anzahl der Wahlsituationen
...P...	... übertrifft ... nach Pluralitätsregel
$P(...)$	Wahrscheinlichkeit, dass ... wahr ist oder dass ... auftritt
$P(...\,\vert\,...)$	bedingte Wahrscheinlichkeit, dass ... $\vert$ auftritt, wenn $\vert$ ... gegeben ist
PMR	paarweise Majoritätsregel
PMRL	Verlierer nach der paarweisen Majoritätsregel
PMRW	Gewinner nach der paarweisen Majoritätsregel („Condorcet-Gewinner")
$P^{\#}$	Wahrscheinlichkeit, dass eine bestimmte Teilmenge spezifizierter Elemente gegeben ist
p	1) allgemein Anteil einer Teilmenge von n
	2) speziell Wahrscheinlichkeit, dass ein Wähler in seiner individuellen Präferenz mit der sozialen Präferenz übereinstimmt
	3) speziell Anteil der Kugeln bestimmter Farbe beim Urnenexperiment
Q	Wahrscheinlichkeit

$Q^{(j)}$	Rang eines Kandidaten j in der individuellen Präferenzordnung eines Wählers
q	relative Häufigkeit
R	1) allgemein „Rangregion" 2) speziell Wahrscheinlichkeit, dass ein PMRW einer bestimmten Position der individuellen Präferenzordnung eines Wählers zugeordnet ist
R^3	dreidimensionaler Raum
$R^{n!}$	n!-dimensionaler Raum
R_+^3	auf positive Werte reduzierter dreidimensionaler Raum
S	Strenger (strict) PMRW
... S ...	... übertrifft ... nach der wahren gesellschaftlichen Präferenz
Si(3)	vereinfachter dreidimensionaler Raum
Si(n!)	vereinfachter n!-dimensionaler Raum
Strong	Starker (strong) PMRW
s	Gesamtzahl der linearen Präferenzordnungen, die in Z eingeschlossen sind
t	1) allgemein Hilfsvariable 2) speziell Anzahl der für die Bewertung eines Kandidaten durch einen Wähler vergebenen Punkte
V	Gesamtsumme aller möglichen gleichwahrscheinlichen Kombinationen der Ausdrücke t
V*	Gewichtete Gesamtsumme aller möglichen Kombinationen der Ausdrücke t
Vote	bestimmtes Wahlergebnis
W	Schwacher (weak) PMRW
X	Hilfsgröße zur Vereinfachung einer mathematischen Formel
x	Ausprägung der unabhängigen Variablen
Y_i	Menge von Profilen in einem Unterraum i
y	Ausprägung der abhängigen Variablen
Z	alle möglichen linearen Präferenzordnungen, die einzelne Wähler haben
Z_i	Menge von Profilen in einem Unterraum i
z	maximale Anzahl der für die Bewertung eines Kandidaten durch einen Wähler zu vergebenden Punkte

Griechische Buchstaben:
α   (Alpha) mathematischer Parameter bei den Prozeduren IAC, MC und IC
ε   (Epsilon) Abweichung vom symmetrischen Fall der Binomialverteilung
λ   (Lambda) mathematischer Parameter bei einer gewichteten Gewinnregel (weighted scoring rule)
o   (Omikron) beweglicher Punkt auf der geraden Linie in graphischer Darstellung
$\prod_{...}^{...}$ (Pi) Produkt von ... bis ...
$\sum_{...}^{...}$ (Sigma) Summe von ... bis ...

Sonstige Zeichen:
$\int_{...}^{...} dt$ Integral von ... bis ...
$>$ 1) allgemein größer als, besser als, wichtiger als, vorgezogen vor
    2) speziell Hilfsgröße zur Vereinfachung einer mathematischen Formel bei der Prozedur IC
$\leq$ kleiner als oder gleich
∞ unendlich
!   Fakultät (nach Kombinatorik)
#...   Unterraum (Subspace, Teilmenge) Nummer ...
$\rightarrow$ strebt gegen
$\Rightarrow$ daraus folgt
...↔...   ... wird getauscht mit ...
$|...|$ Betrag von ... (Kardinalzahl, Kardinalität)
(...)   Matrix (...), zum Beispiel $\begin{pmatrix} ..._{1.1} & ..._{1.2} \\ ..._{2.1} & ..._{2.2} \end{pmatrix}$
$(...)^{-1}$ Inverse der Matrix (...)
(... ...)   Zeilenvektor
$\begin{pmatrix}...\\...\end{pmatrix}$ Spaltenvektor
[...]   geschlossenes Intervall von ... bis ...
{...}   Menge von Elementen
$\in$[...]   Element aus der Menge ...
... | ...   allgemein „wenn gegeben ist" oder „unter der Bedingung"

Literaturverzeichnis

Arrow, Kenneth J. (1951): Social choice and individual values. Erste Auflage, Wiley, New York.

Arrow, Kenneth J. (1963): Social choice and individual values. Zweite (überarbeitete) Auflage, Yale University Press, New Haven.

Baker, Keith Michael (1975): Condorcet: From natural philosophy to social mathematics. The University of Chicago Press, Chicago und London.

Beery, Janet (2010): Sums of powers of positive integers. University of Redlands (California, USA).

Bentham, Jeremy (1789): An introduction to the principles of morals and legislation. London.

Bentham, Jeremy (1791): Essay on political tactics, containing six of the principal rules proper to be observed by a political assembly in the process of forming a decision. London.

Berg, Sven (1985): Paradox of voting under an urn model : The effect of homogeneity. Public Choice 47, S. 377–387.

Black, Duncan (1948): On the rationale of group decision-making. The Journal of Political Economy 56 (1), S. 23–34.

Black, Duncan (1958a): The theory of committees and elections. Cambridge University Press, London und New York.

Black, Duncan (1958b): The circumstances in which Rev. C.L. Dodgson (Lewis Carroll) wrote His „Three pamphlets and appendix" : Text of Dodgson's „Three pamphlets" and of „The cyclostyled sheet" in „The theory of committees and elections" . Cambridge University Press, Cambridge.

Black, Duncan (1958c): History of the mathematical theory of committees and elections (excluding proportional representation). Part 2 of „The theory of committees and elections". Cambridge University Press, London und New York.

Borda, Jean Charles, Chevalier de (1784a): Mémoire sur les élections au scrutin. Histoire et mémoires de l'Académie Royale des Sciences, année 1781, S. 657–665.

Borda, Jean Charles, Chevalier de (1784b) : Sur la forme des élections. Translated by Alfred de Grazia in „Mathematical derivation of an election system". Isis 44 (1953), S. 42–51.

Borda, Jean Charles, Chevalier de (1784c) : A paper on elections by ballot. Übersetzung : Sommerlad, F., und McLean, Iain (eds.), The political theory of Condorcet, University of Oxford Working Paper, Oxford 1989, S. 122–129. Übersetzung auch in McLean, Iain, und Hewitt, Fiona, (eds.), Condorcet – Foundations of social choice and political theory, Edward Elgar Publishing Company, Aldershot Hants England und Vermont USA 1994, S. 114–119.

Brams, Steven J., und *Fishburn, Peter C.* (1983): Paradoxes of preferential voting. Mathematics Magazine 56, S. 207–214.

Brams, Steven J., Kilgour, D. Marc, und Zwicker, William S. (1998): The paradox of multiple elections. Social Choice and Wellfare 15, S. 211–236.

Campbell, Colin D., und Tullock, Gordon (1965) : A measure of the importance of cyclical majorities. The Economic Journal 75, S. 853–857.

Chen, Frederick H. (2002) : A note on the probability that a Condorcet winner exists with three cadidates. Wake Forest University, unpublished manuscript. Zitiert nach Gehrlein, William V., Condorcet's Paradoxon, Springer Verlag, Berlin u.a. 2006, S. 72.

Condorcet, Marie Jean Antoine, Marquis de (1784) : On ballot votes (Übersetzung). In : Sommerlad, F., und McLean, Iain (eds.), The political theory of Condorcet, University of Oxford Working Paper, Oxford 1989, S. 119–121. Übersetzung auch in : McLean, Iain, und Hewitt, Fiona (eds.), Condorcet – Foundations of social choice and political theory, Edward Elgar Publishing Company, Aldershot Hants England und Vermont USA 1994, S. 111–113.

Condorcet, Marie Jean Antoine, Marquis de (1785): Essai sur l'application de l'analyse à la probabilité des décisions rendues à la pluralité des voix. Imprimerie Royale, Paris. Fotografischer Nachdruck durch Chelsea Publishing Company, New York 1972. Auszugsweise englische Übersetzung: An essay on the application of probability theory to plurality decision making; in: Sommerlad, F., und McLean, Iain (eds.), The political theory of Condorcet, University of Oxford Working Paper, Oxford 1989, S. 69–80, 81–89. Auszugsweise Übersetzung auch in: McLean, Iain, und Hewitt, Fiona (eds.), Condorcet – Foundations of social choice and political theory, Edward Elgar Publishing Company, Aldershot Hants England und Vermont USA 1994, S. 120–130, 131–138.

Condorcet, Marie Jean Antoine, Marquis de (1788a): On the form of decisions made by plurality vote (Übersetzung). In: Sommerlad, F., und McLean, Iain (eds.), The political theory of Condorcet, University of Oxford Working Paper, Oxford 1989, S. 152–166.

Condorcet, Marie Jean Antoine, Marquis de (1788b): On discovering the plurality will in an election (Übersetzung). In: Sommerlad, F., und McLean, Iain (eds.), The political theory of Condorcet, University of Oxford Working Paper, Oxford 1989, S. 141–151.

Condorcet, Marie Jean Antoine, Marquis de (1791): Mémoires sur l'instruction publique. Fünf Papiere, Januar bis September 1791. In: Bibliothèque de l'homme public, 28 vols, 2^eannée, Paris 1790–1792. Auch in: Condorcet-O'Connor, Arthur, und Arago, Dominique François (eds.), Oevres de Condorcet, 12 vols., Paris 1847–1849, vol.7, S. 169–437.

Condorcet, Marie Jean Antoine, Marquis de (1793): A general survey of science – Concerning the application of calculus to the political and moral sciences (Übersetzung). In: Sommerlad, F., und McLean, Iain (eds.), The political theory of Condorcet, University of Oxford Working Paper, Oxford 1989, S. 4–10. Übersetzung auch in : McLean, Iain, und Hewitt, Fiona (eds.), Condorcet – Foundations of social choice and political theory, Edward Elgar Publishing Company, Aldershot Hants England und Vermont USA 1994, S. 93–110.

Condorcet, Marie Jean Antoine, Marquis de (1793/1794): Esquisse d'un tableau historique des progrès de l'eprit humain. Texte revu et prsenté par O.H.Prior, Bibliothèque de philosophie, Paris 1933.

Condorcet-O'Connor, Arthur, und Arago, Dominique François (eds.) (1847–1849): Oevres de Condorcet. 12 Bände (hier Band 7, S. 168–437), Paris. Ursprünglich in Bibliothèque de l'homme public, 28 Bände, 2^eannée, Paris 1790–1792.

Daunou, Pierre Claude François (1803): A paper on elections by ballot (Übersetzung). Sommerlad, F., und McLean, Iain (eds.), The political theory of Condorcet II, University of Oxford Working Paper, Oxford 1991, S. 235–279.

Dieudonné, Jean Alexandre (1985): Geschichte der Mathematik 1700–1900. Verlag Vieweg, Braunschweig und Wiesbaden.

Dodgson, Charles Lutwidge (1876): A method of taking votes on more than two issues. In: Black, Duncan (1958a), The theory of committees and elections, Cambridge University Press, Cambridge S. 224–234.

Dodgson, Charles Lutwidge (Pseudonym Lewis Carroll): The pamphlets of Lewis Carroll. Vol. 1 The Oxford pamphlets (1993), vol. 2 The mathematical pamphlets (1994), vol.3 The political pamphlets (2001), vol. 4 The logic pamphlets (2010).

Downs, Anthony (1957): An economic theory of democracy. Harper & Row, New York.

Downs, Anthony (1959): Black's „Theory of committees and elections" (1958) (Buchbesprechung). The Journal of Political Economy, 67 (2), S. 211–212.

Feller, William (1957): An introduction to probability theory and its applications, Vol.1, 2nd ed. John Wiley, New York.

Fishburn, Peter C., und *Gehrlein, William V.* (1977): An analysis of voting procedures with nonranked voting. Behavioral Sciences 22, S. 178–185.

Fishburn, Peter C., Gehrlein William V., und *Maskin, Eric* (1979a): A progress report on Kelly's majority conjectures. Economics Letters 2, S. 313–314.

Fishburn, Peter C., Gehrlein William V., und *Maskin, Eric* (1979b): Condorcet proportions and Kelly's conjectures. Discrete Applied Mathematics 1, S. 229–252.

Fisz, Marek (1989): Wahrscheinlichkeitsrechnung und mathematische Statistik. 11. Auflage, VEB Deutscher Verlag der Wissenschaften, Berlin.

Gehrlein, William V. (2002): Condorcet's paradox and the likelihood of its occurrence: Different perspectives on balanced preferences. Theory and Decision 52, S. 171–199.

Gehrlein, William V. (2006): Condorcet's paradox. Springer, Berlin u.a.

Gehrlein, William V., und *Fishburn, Peter C.* (1976): Condorcet's paradox and anonymous preference profiles. Public Choice 26, S. 1–18.

Gehrlein, William V., und *Lepelley, Dominique* (1997): Condorcet's paradox under the maximal culture condition. Economics Letters 55, S. 85–89.

Gehrlein, William V., und *Valognes, Fabrice* (2001): Condorcet efficiency: A preference for indifference. Social Choice and Welfare 18, S. 193–205.

Gerß, Wolfgang (2006): Missverständnisse und umstrittene Experimente in der Entwicklung des Rechts der nordrhein-westfälischen Landschaftsbeiräte – Ein Beispiel zur (Un)Logik demokratischer Entscheidungen. Duisburger Beiträge zur Soziologischen Forschung NO.1 /2006. Duisburg.

Gerß, Wolfgang (2008a): Das Ende der DDR als mathematische Katastrophe. Duisburger Beiträge zur soziologischen Forschung No. 1/2008. Duisburg.

Gerß, Wolfgang (2008b): Freiraumschutz auf steinigem Weg. Natur in NRW (herausgegeben vom Landesamt für Natur-, Umwelt- und Verbraucherschutz Nordrhein-Westfalen Nr.4/2008 S. 71–75. Recklinghausen.

Gillett, Raphael (1978): A recursion relation for the probability of the paradox of voting. Journal of Economic Theory 18, S. 318–327.

Grazia, Alfred de (1953): Mathematical derivation of an election system. ISIS 44, S. 42–51.

Holler, Manfred J. (1982): The relevance of the voting paradox: A restatement. Quality and Quantity 16, S. 43–53.

Johnson, Norman L., und *Kotz, Samuel* (1977): Urn models and their application. An approach to modern discrete probability theory. John Wiley & Suns Inc., New York.

Kelly, Jerry S. (1974): Voting anomalies, the number of voters, and the number of alternatives. Econometrica 42, S. 239–251).

Krüsemann, Ellen, und Stenzel, Martin (2006): Überblick über Raumordnung, Landesplanung und Bauleitplanung; Überblick über die Landschaftsplanung. In: Landesbüro der Naturschutzverbände NRW (Hrsg.), Handbuch Verbandsbeteiligung Nordrhein-Westfalen, Oberhausen.

Kuga, Kiyoshi, und Nagatani, Hiroaki (1974): Voter antagonism and the paradox of voting. Econometrica 42, S. 1045–1067.

Laplace, Pierre Simon, de (1795): Essai phylosophique sur les probabilités. Übersetzung: Analytic Theory of probabilities. In: Sommerlad, F., und McLean, Iain (eds.), The political theory of Condorcet II, University of Oxford Working Paper, Oxford 1991, S. 282–287.

Laplace, Pierre Simon, de (1812): Théorie analytique des probabilités. Paris.

Lepelley, Dominique (1989): Contribution à i'analyse des procédures de décision collective. Université de Caen, Dissertation. Zitiert nach Gehrlein, William V., Condorcet's paradox, Springer, Berlin u.a. 2006, S. 72.

Lepelley, Dominique, und *Gehrlein, William V.* (1999): A note on the probability of having a strong Condorcet winner. Quality and Quantity 33, S. 85–96.

Linz, Juan J., und *Stepan, Alfred* (1996): Problems of democratic transition and consolidation: Southern Europe, South America, post-communist Europe. John Hopkins University Press, London.

Lipset, Seymour Marlin (1959): Some social requisites of democracy. American Political Science Review 53, S. 69–105.

Luce, R. Duncan, und *Suppes, Patrick* (1965): Preference, utility and subjective probability. In: Luce,R. Duncan, Bush, Robert R., und Galanter, Eugene (eds.), Handbook of Mathematical Psychology vol 3, John Wiley & Sons Inc., New York, S. 249–410.

McLean, Iain (1990): The Borda and Condorcet principles: Three medieval applications. Social Choice and Welfare 7/1990, S. 99–108.

McLean, Iain (1995): The first golden age of social choice 1784–1803. In: Barnett, Moulin, Salles und Schofield (eds.), Social choice welfare and ethics, Cambridge University Press, S. 13–36.

McLean, Iain, und *Hewitt, Fiona* (1994): Condorcet – Foundations of social choice and political theory. Edward Elgar Publishing Company, Aldershot Hants England und Vermont USA.

McNutt, Patrick A. (1993): A note on calculating Condorcet probilities. Public Choice 75, S. 357–361.

Montesquieu, Charles Louis de Secondat, Baron de (1748): De l'esprit des lois, Genf. Auch herausgegeben von Jean Brethe de la Gressage, 4 vol., Paris 1950–1961.

Nanson, Edward John (1882): Methods of election. In: Transactions and Proceedings of the Royal Society of Victoria, vol. 18, S. 197–240.

Niemi, Richard G. (1969): Majority decision-making under partial unidimensionality. American Political Science Review 63, S. 488–497.

O'Connor, John J., und Robertson, Edmund F. (o.J.): Jean Charles de Borda. In: Mac Tutor, History of mathematics archive.

O'Donnell, Guillermo, und Schmitter, Philippe C. (1986): Transitions from authoritarian rule, vol. 4: Tentative conclusions about uncertain democracies, Baltimore/London.

Offe, Claus (2001): Staat, Demokratie und Krieg. In: Hans Joas (Hrsg.) Lehrbuch der Soziologie, Campus-Verlag Frankfurt/New York, S. 417–446.

Polya, G., und *Eggenberger, F.* (1923): Über die Statistik verketteter Vorgänge. Zeitschrift für angewandte Mathematik und Mechanik 1923, S. 279–289.

Przeworski, Adam (1991): Democracy and the market: Political and economic reforms in eastern Europe and latin America. Cambridge University Press, Cambridge.

Randow, Gero, von (1992): Das Ziegenproblem – Denken in Wahrscheinlichkeiten. Rowohlt Taschenbuchverlag GmbH, Reinbek bei Hamburg.

Rapoport, Anatol, (1980): Mathematische Methoden in den Sozialwissenschaften. Physica Verlag, Würzburg/Wien.

Reichardt, Rolf (1973): Reform und Revolution bei Condorcet – Ein Beitrag zur späten Aufklärung in Frankreich. Bonn. Ursprünglich Dissertation Universität Heidelberg.

Rose, Arnold M. (1957): A study in irrational judgments. The Journal of Political Economy 65 S. 394–402.

Saari, Donald G. (1995): Basic geometry of voting. Springer, Berlin-Heidelberg.

Sachs, Hans (1558–1579): Der Waldbruder mit dem Esel. In: Spruchgedichte, 5 Bände. Auszugsweiser Nachdruck in: Lessing, Gellert, Pfeffel u.a. (Herausgeber), Der Neue Äsop – eine klassische Fabelsammlung, 3. Auflage, Verlag der Gebrüder Gerstmann Berlin 1878, S. 28–33.

Saunders, Peter Timothy (1986):Katastrophentheorie – Eine Einführung für Naturwissenschaftler. Braunschweig (Ursprünglich: An introduction to catastrophe theory, Cambridge 1980).

Schmitter, Philippe C., und *Karl, Terry Lynn* (1991): What democracy is ... and is not. Journal of Democracy 2, S. 75–88.

Schumpeter, Joseph A. (1947): Capitalism, Socialism, and Democracy. 2. Auflage. George Allen & Unwin Ltd., London.

Settle, Russell F., und *Abrams, Buron A.* (1976): The determination of voter participation: A more general model. Public Choice 27, S. 81–89.

Sommerlad, F., und *McLean, Iain* (eds.) (1989): The political theory of Condorcet. University of Oxford Working Paper, Oxford.

Sommerlad, F., und *McLean, Iain* (eds.) (1991): The political theory of Condorcet II. University of Oxford Working Paper, Oxford.

Todhunter, Isaac (1865): A history of the mathematical theory of probability. Reprint 1931. G. E. Strechert Publishers, New York.

Young, H. Peyton (1988): Condorcet's theory of voting. American Political and Science Review 82, S. 1231–1244.

Young, Peyton (1995): Optimal voting rules. The Journal of Economic Perspectives 9, S. 51–64.

www.ingramcontent.com/pod-product-compliance
Ingram Content Group UK Ltd.
Pitfield, Milton Keynes, MK11 3LW, UK
UKHW021830140426
5217IPUK00021B/1363